김은석의
초보강사를 위한 목공DIY

"DIY강사라면 당신도 이제
시대가 요구하는 목공을 해야 한다."

"목공강사와 1인공방 운영자를 위한
나의 사업 이야기"

김은석 지음

어려운 목공은 그만.
이제 왕초보도 세상
쉽게 목공을 배울 수 있다.

1인 공방 폐업,
1인 기업 브랜딩으로
육체노동을 줄이고
지식노동을 늘려 경쟁 없고
독보적인 수입을 창출하라

글빛
미디어

" Diy강사라면 당신도 이제
시대가 요구하는 목공을 해야 한다."

1인 공방 폐업, 1인 기업 브랜딩으로
육체노동을 줄이고 지식노동을 늘려
경쟁 없고 독보적인 수입을 창출하라!

김은석의 초보강사를 위한 목공DIY - 4

차례

[프롤로그] 나의 이득이 우리의 이득이 되는 일 ___10

01 김은석 코치의 1인공방 창업이야기

나는 공구에 익숙한 사람_15
내가 목공을 시작하게 된 계기_17
함께 하는 사업의 한계_21
남의 돈으로 나 혼자 창업?_26
두드려서 열린 택배 계약_29
목공전문 브랜드, 우드라이크 시작_33
나의 첫제품 diy목공키트를 만들다_36
내 것이 아니다_40
맨 땅에 헤딩_43

02 김은석 코치의 세상 쉬운 목공diy이야기

당신의 분야에서 목공을 플러스 하세요!_46
어디까지 할 수 있어요?_49

나는 어린이 목공전문강사_53
목공지원센터와 함께 하는 강사님들_56
목공강사코스는 쉽다_59
2시간 만에 목공체험이 가능해요?_63
DIY목공강사 프리미엄 코스_66
큰일났어요. 목공수업의뢰가 들어왔어요_69
전국 문구점에서 연락이 오다_72
제주와 섬에 더 잘 나가는 목공키트_74
초보목공강사를 위한 강의 진행 노하우_76
나는 매일, 체험자는 일생에 한 번_78
쌤, 초짜죠?_81
나무가 아이를 변화할 수 있습니다_84

03 김은석 코치의 스칸디아모스틀 이야기

스칸디아모스 우드프레임 본사입니다_89
스칸디아모스틀 본사가 취하는 이득_92
새로운 디자인의 모스틀이 출시되는 과정_95
스칸디아모스 아티스트로 창업하라_98
스칸디아모스 체험키트 출시_102
내 마음 치유체험_104
나는 무엇을 파는가?_106

04 김은석 코치의 불안한 1인 공방

내 몸을 써야 돈이 되는 1인 공방_109
1인공방을 시작했나요?_112
언제까지 남의 옷 가져다 팔 겁니까?_115
원가 계산하는 방법_118
1인공방 실패 원인_121
바쁜 게 능력인 줄 알던 시절_125
도둑맞은 제안서_129
언제까지 보따리 장사를 할 수는 없어서요_133
승마가 주는 깨달음_136

05 김은석 코치의 럭셔리 1인 사업

종종대는 일상을 졸업하다_139
1인 사업의 강력한 동기부여 3가지_141
1인 사업 성공 노하우 3가지_144
고수는 노출하지 않고 홍보한다_147
취미가 돈도 되는 일을 하는 날_149
골프와 사업은 닮았다_151
나는 늘 괜찮은 사람_153
말 말 말_156
브랜딩이 무엇입니까?_159

심플하게 사업하는 5가지 원리_161
내가 심플하게 사업하는 이유_164
내 사업 아이템을 찾는 방법 3가지_167
강사를 위한 퍼스널 브랜딩 코칭_170

06 김은석 코치의 성공마인드

당신이 속한 프레임은 무엇입니까?_173
나의 성공루틴 마인드편 : 매일 읽는다_176
나의 성공루틴 마인드편 : 남 일이 아니다_179
나의 성공루틴 마인드편 : 즉시 실행한다_183
나의 성공루틴 장소편_186
성공의 씨앗, 행복의 씨앗_190
성공하면 하지 않아도 되는 것_192
내가 원하는 시간을 만드는 방법_194
나는 행복의 징크스를 만드는 사람_197

07 김은석 코치의 성공스토리

나는 정통 흙수저입니다._201
나의 부동산 이야기_203
내가 경험한 모든 것에 유익을 찾다_206
당신도 성공하고 싶습니까?_209

나의 부동산 이야기_209
성공은 어떻게 그려요?_212
꿈을 이루고 내가 얻게 된 것_215
여유와 행복을 누리는 일상_218
네 꿈은 뭐니?_221

[에필로그] 행복을 가질 수 있는 능력 ___225

[프롤로그]
나의 이득이 우리의 이득이 되는 일!

당신은 부모님께 받은 결혼선물을 기억하고 있나요?

나는 뚜렷하게 기억하고 있습니다. 약 15년 전 내가 결혼할 때 친정아버지는 공구함을 선물해주셨습니다. 굵은 매직으로 '롱로우즈' 라고 쓰인 공구함이었습니다.

다른 친구들이 부모님으로부터 바늘상자를 받을 때 나는 공구 세트를 받은 것이지요. 필요없을 것 같은 공구함은 신혼 초 요긴하게 사용하였습니다. 커텐을 달 때도 시계를 걸 때도 필요했지요.

뒤돌아보면 나는 어릴 때부터 공구와 참 익숙한 사람이었습니다. 전자공학과를 졸업하고 삼성전자서비스에서 컴퓨터 수리를 할 때에도 공구를 많이 사용했지요. 그 당시만 해도 cpu나 메모리를 납땜하여 수리를 하곤 했습니다.

시간이 흘러 임신과 출산, 육아휴직을 하면서 책을 읽고 글을 쓰는 환경에 놓이게 되었습니다. 글은 나를 치유해 주었지만 나를 경제적으로 독립시켜 주지는 못했습니다.

내가 경력단절을 '단절' 하고 싶을 때 나무는 말없이 나를 안아주었습니다. 내게 괜찮다고 말해주었고 내가 잘할 수 있도록 시간을 주었습니다. 따스했습니다.

그렇습니다. 처음 내가 목공을 접할 때는 나를 위함이었습니다. 내 마음을 정리하기 위한 시간이 필요해서 였습니다. 목공강의를 할수록 깨달았습니다. 나무와 함께하는 활동은 나를 좀 더 좋은 사람으로 만든다는 것을.

나 또한 내가 무엇을 잘 하는 지, 무엇을 하고 싶은 지 나의 길을 몰라서 많이 돌아왔습니다. 지금은 이제껏 돌아온 길의 모든 경험이 돈이 되는 가치로 교환되고 있습니다. 놀라운 일입니다!

내가 익숙한 공구를 이용하여 나무를 접하고, 내가 하는 일을 글로 표현할 수 있어서 행복합니다. 기분이 좋은 육체노동과 지식노동이 균형을 이루는 삶을 찾게 되어 행운입니다.

이 책을 통해 내가 어떻게 목공을 접하게 되고, 어떻게 경제적 독립을 해갔는지 당신도 작은 실마리를 찾기를 바랍니다. 혹은 당신이 강사라면 가르치는 과목에서 목공을 더 했을 때 어떤 일이 일어날지를 내가 알려줄 것입니다.

이제 나는 나의 이득이 우리의 이득이 되는 일을 합니다. 내게도 유익하고 나를 믿고 이 책을 고른 당신에게도 유익한 '초보강사를 위한 목공DIY', 기대해주세요.

2019년 5월 햇살 가득한 날
럭셔리한 나의 공방에서, 김은석.

나무와 함께 하는 삶은 아름답습니다.
나무와 함께 하는 삶은 정직합니다.
나무와 함께 하는 삶은 가치 있는 삶입니다.

- 김 은 석 -

김은석 코치의 1인공방 창업이야기

나는 공구에 익숙한 사람

당신의 어릴 적 장난감은 무엇이었나요?

나는 공구였습니다. 아버지는 공업고등학교 전자과 교사였습니다. 내가 아주 어릴 적부터 아빠는 '일자 드라이버 가져와라, 십자 드라이버를 가져와라' 심부름을 시켰습니다. 그리곤 거실에 앉아 라디오 조립하는 모습, 오디오를 고치는 모습을 보며 자랐습니다.

아빠는 문을 열면 벨이 울리는 장치도 직접 만드셨습니다. 치매에 걸린 할머니를 우리집에서 모실 때 대문을 열고 나가실까봐 직접 만든 것이지요. 우리 아빠는 순돌이 아빠였습니다.

뭐든 척척 만들고 고치셨습니다. 나는 어릴 적 아빠가 주말에 학교 일직 당번일 때 학교에 따라가서 실습실에서 놀곤 했습니다.

자물쇠가 채워져 있는 유리 사물함 안에는 각종 공구들이 많았습니다. 너무 신기하고 재미있었습니다. 나는 그 곳 칠판을 벗 삼아 학교놀이를 했습니다.

어릴 적부터 공구를 보고 다루는 것에 익숙했습니다.

그래서 고등학교 때도 당연히 이과를 선택했고 대학도 전자공학과를 선택했습니다. 아빠와 전기, 전자에 대해 이야기 하는 것이 신났습니다.

나는 인형을 가지고 놀았던 기억이 거의 없습니다. 건전지로 작동하는 장난감이 고장나면 그것이야말로 내게는 최고의 장난감이 되었습니다. 십자 드라이버 하나만 있으면 고장난 장난감의 나사를 풀어서 내부를 볼 수 있었습니다. 그 내부가 얼마나 신기하고 재미있는지 모릅니다.

지금도 망치나 드릴을 사용하면 기분이 좋습니다. 어릴 적 허락받아야만 분해할 수 있었던 것들, 내가 조심하며 가지고 놀아야 되는 것들을 지금은 내 마음대로 조립하며 놀 수 있습니다.

내가 원하는 것도 나무와 함께 만들 수 있게 되었습니다.

김은석 코치의 1인공방 창업이야기
내가 목공을 시작하게 된 계기

당신은 책을 써본 적이 있습니까?

나는 첫 책을 2013년에 냈습니다. 2009년부터 폭풍육아의 일상 속 정보들을 블로그에 기록하다가 네이버 파워블로그가 되었습니다. 그것을 계기로 대형 출판사에서 출판 의뢰가 들어와서 책을 쓰게 된 것이지요.

그 때는 내 책을 낸다는 것이 꿈만 같아서 내 이름과 육아대통령이라는 명성에 걸맞게 쓰려고 노력했습니다. 1년에 걸쳐 빈틈이 없도록 오랜시간 이어진 작업이었습니다.

폭풍육아가 휘몰아치듯 지나가고 내 첫 책이 나온 뒤 나는 더 이상 엄마라는 카테고리 안에서 머무르고 싶지 않았습니다. 나는 전문적인 내 일을 갖기를 원했고 프로를 갈망했습니다.

그래서 주변 엄마들이 아이가 어릴 적 접할 기 쉬운 리본핀 만들기나 캔들 같은 것은 판매 할 생각은 없었습니다. 접근성이 쉬운 것은 사실이지만 나는 센스는 있어도 손재주는 없는 사람이기 때문입니다.

온 힘을 다해 썼던 책을 출간하고는 정말 아무것도 하기 싫었습니다. 그래서 아이들이 학교와 어린이집에 가면 아침드라마도 보고 아무것도 하지 않은 채 한 달을 푹 쉬었습니다.

나는 육아책을 썼지만 육아로 강연을 하거나 엄마들을 코칭하기 싫었습니다. 그것은 내 영역이 아니라고 여겼습니다. 온전히 내가 하고 싶은 것이 무엇인지 생각했습니다. 남들은 내가 파워블로거이고 책도 낸 작가이니 내 일이 확실히 자리 잡았다고 생각했습니다.

사람들은 나를 만나면 이렇게 말했습니다.

"우와! 만나게 되어 영광이에요."
"부러워요."
"대단해요."
"도움주셔서 감사해요."

이런 말을 들었지만 나 역시 내가 무얼 할 수 있을까 혼란스러웠습니다.

그랬습니다.
열심히 살았는데 다시 원점이었습니다.

그 모든 것들은 나를 경제적으로 독립시켜 주지 못했습니다. 공감하는 글을 쓰고 대단하다는 칭찬을 듣고 위로를 받는 것은 이미 충분히 했습니다.

So what?

그 즈음 시댁과 친정으로 시골을 자주 다녔는데 편백나무를 접할 기회가 많았습니다. 아이들 고모부는 아주 오래 전부터 편백나무 족욕기와 욕조를 만들었습니다. 시댁과 고모부 집은 아주 가까웠고 나는 나무를 자주 볼 수 있었습니다.

나무에서 나는 기분 좋은 향과 내가 생각하고 원하는 것을 바로 바로 만들 수 있는 점이 좋았습니다. 목공은 누구나 배울 수는 있지만 공간적 시간적 제약 때문에 아무나 배울 수 없다는 것도 매력적이었습니다.

내가 어릴 적 가지고 놀던 공구들을 모두 접할 수 있는 어른놀이터였습니다. 나는 눈이 반짝반짝했습니다.

"그래, 나무야!"

나는 나무와 함께 하는 모든 것이 즐거웠습니다. 내 공구를 사용해서 나무로 만드는 모든 것이 정말 럭키한 일이었습니다. 그 때부터 목공을 배울 수 있는 곳을 알아보았습니다. 목공의 인연이 시작된 것입니다.

김은석 코치의 1인공방 창업이야기
함께 하는 사업의 한계

당신은 배움을 위해 과감한 결단을 한 적 있습니까?

내가 목공을 배우려고 하니 재료비와 강습료가 너무도 비쌌습니다. 장소도 외진 곳에 있어서 나는 시간과 돈이 모두 맞지 않았습니다.

그 때 서울시에서 교육비를 지원하는 목공DIY강사 교육을 알게 되었습니다. 이론을 배우고 일산까지 운전을 해가며 9시부터 5시까지 실습을 하며 목공을 배웠습니다.

나는 내 안의 지식을 나만의 지혜로 표현하는 것을 좋아하는 사람입니다. 밖으로 배움을 하러 다니는 일이 없었습니다. 나는 책과 영화, 공연으로 간접경험을 하는 것을 즐기는 사람입니다.

그래서 당시 목공을 배울 때 '배움은 이것이 마지막이다' 라는 마음으로 열정적으로 배웠습니다. 해당 기수 반장을 맡아서 배움 외 적인 부분도 상당시간 내 시간을 할애했습니다. 센터에서는 교육의 끝에 협동조합을 만들면 어떻겠냐는 제안을 했습니다.

5년 전에는 마을학교와 협동조합의 열풍이 대단한 시기였습니다. 창업지원 프로그램도 많이 생겨났습니다. 많은 정책들이 존재합니다. 스타트업을 하는 데 있어 도움이 됩니다. 공방을 할 수 있는 장소를 지원받을 수도 있습니다. 그러나 한계도 분명히 있습니다. 나는 그 때 알았습니다.

"아! 나는 의사결정을 빨리 하고 결정되면 추진력 있게 끌고 나가는 스타일이구나."

나는 회의를 위한 회의가 싫었습니다. 제대로 된 멘토 없이 그만그만한 사람들이 모여 회의를 하니 무슨 진도가 나갔겠습니까? 나는 이미 블로그에서 실전 마케팅을 경험하고, 실제 기업들이 어떻게 바이럴마케팅을 전략적으로 하는지 잘 알고 있습니다.

나는 사람들에게 이렇게 이렇게 하면 된다고 말했습니다. 내 생각은 저만큼 가 있는데 사람들은 내 생각과 달랐습니다.

첫째, 안된다고 미리 포기했습니다
둘재, 될까? 라고 의심했습니다
셋째, 네가 한다면 우린 따를게 라고 남의 일처럼 말했습니다

우리의 일인데 마치 내 일을 그들이 희생하며 도와주는 마인드는 이미 협동조합이 아니었습니다. 모두의 일이지 않습니까?
나는 이상한 나라의 엘리스 였습니다. 다수의 그들은 생각했을 겁니다. 결과보다는 다 함께 즐기고 행복한 일을 하는 게 우선이라고.

나는 취미로 일을 하고 싶지 않았습니다. 일을 지속하려면 충분한 급여가 뒷받침 되어야 합니다. 회의를 위한 회의를 하고 같이 밥 먹고 커피 마시며 행복하다고 합니다. 내일도 같은 회의를 하고 한 걸음 내딛고 수익은 조금 발생합니다.

배움을 지속하고 스터디와 자기계발의 계획들이 많습니다. 비슷한 집단의 네트워크 만남 일정들도 많습니다. 구비해야할 물품들은 많고 수익은 여러 명이 분배해야 합니다. 어쩌면 수익은 커녕 한 달 유지비를 위해 더 갹출해야 될 수도 있습니다.

대부분의 경력단절 여성들은 그렇게 자신의 일을 찾아갈지 모르겠습니다. 하지만 나는 어린 아이들에게 올인 할 수 있는 내 금쪽같은 시간을 내어 회의에 참석합니다.

나의 기회비용 시간이 너무도 아까웠습니다. 결과물이 있어야 했습니다. 차라리 그 시간에 아이들 간식을 만들어주면 내 맘이 편할 것 같았습니다.

나는 바로 실전으로 뛰어 들어가 현장에서 일을 하고 싶었습니다. 그 때 깨달았습니다.

"나는 1인기업이 맞는 사람이다."

그들이 틀리고 내가 맞는 것이 아니었습니다.
내가 틀리고 그들이 맞는 것도 아니었습니다.

나의 일성향이 1인기업에 맞기 때문에 사람들과의 관계가 힘든 건 당연한 일이었습니다. 아마 상대방도 마찬가지였을 겁니다. 이제는 힘든 이유를 알았습니다. 나는 내 안의 것을 나만의 방식으로 풀어내어 사업을 하는 것이 맞는 사람입니다.

당신도 관계 때문에 힘듭니까?

당신도 내 안의 생각과 지혜가 넘칩니까?

그렇다면 당신도 1인 기업을 창업하십시오.

당신이 힘든 건 당신 주변의 환경이 당신의 가치를 알아주지 못하기 때문입니다. 당신이 빛을 낼 여건이 안 되기 때문에 빛이 나지 않는 것입니다.
나 역시 내가 사업을 몰라서 잘못 운영하는 줄 알았습니다.

남의 것, 공동의 것, 남편 것, 자식 것이 내 것인 것처럼 착각하지 마십시오. 지금이라도 나만의 브랜딩을 구축하여 내 것을 만들어가십시오.

삶의 질이 달라집니다. 풍요로워집니다.
당신도 그늘에서 벗어나 자책감을 벗어던지고 나처럼 자유로운 삶을 누렸으면 좋겠습니다.

당신은 더 잘할 것입니다.

김은석 코치의 1인공방 창업이야기
남의 돈으로 나 혼자 창업?

　나는 나 혼자 창업을 하기로 마음 먹었습니다.
　나는 평범한 주부이고, 육아를 하면서 제대로 된 급여를 받은 적이 없으며 비상금도 없었습니다. 맞습니다. 나 역시 창업자금이 없었습니다.

　내 안의 지혜를 끄집어 내봅니다.
　창업을 할 때 나는 여성이고 39세 미만의 청년이었습니다.

　"내 돈으로 창업 할 수 없다면 남이 돈으로 창업하자!"

마음 먹었습니다. 여성인력개발센터, 고용노동부, 서울시청, 여성가족부, 중소기업청, 한국벤처협회, 소상공인진흥공단, 청년내일배움, 여성기업가 등 모든 홈페이지를 뒤지기 시작했습니다. 그리고 한국여성벤쳐협회에서 주관하는 창업지원프로그램에 도전하게 되었습니다.

사업계획서를 작성하고 서류를 통과하고 면접을 보았습니다. 몇 년 만에 보는 면접을 위해 정장을 입은 내 모습이 어색했습니다.

면접을 기다리는 곳에서 주변 사람들은 종이를 꺼내어 무언가를 외우고 있었습니다. 나중에 들어오는 사람들은 화려한 피켓과 인형탈까지 준비해 오셨습니다. 순간 너무 기가 죽었습니다.

'내가 참 무식하고 용감했구나!'

딴에는 1분 자기소개를 준비해 온 것이 전부였습니다. 나는 오히려 마음이 편안해 졌습니다.

"기가 죽는다고, 기가 산다고. 없던 사실이 있는 게 되고, 있던 사실이 없는 게 아니지 않아?"
"뭐가 문젠데?"
"아님 말고!"

"내가 회사 들어가서 저 면접관들을 매일 봐야 하는 것도 아닌 데 내가 갖고 있는 생각 그대로 다 지르고 나오자!"
"너는 엄마야. 아줌마라고! 못할 게 뭐 있어?"
"네가 이 일에 대한 생각들 꽤 괜찮아. 알지? 렛츠고!"

나는 거만하게 문을 열고 들어가 자신있게 면접을 보고 나왔습니다. 면접관이 서로 질문을 하자 나는 말했습니다.

"어떤 것부터 대답할까요?"

나는 최종합격했고 500만원의 창업지원금을 받았습니다.

그 돈으로 브로셔도 제작했고 쇼핑몰도 만들었습니다. 판매하고픈 제품도 시제작을 할 수 있었습니다. 물론 관련 서류를 제출하느라 힘들었습니다. 남의 돈으로 창업하는 게 쉬운 일이 아닙니다.
하지만 그 때의 서류 경험은 후에 관공서 상대로 강의나 납품을 할 때 많은 도움이 되었습니다.

김은석 코치의 1인공방 창업이야기
두드려서 열린 택배 계약

당신은 두드리고 구하고 요청합니까?

나는 바닥부터 두드리며 우드라이크 사업을 시작했습니다. 택배 계약도 그렇게 시작되었습니다. 그 이야기를 들려드리고자 합니다.

쇼핑몰을 오픈하려면 사업자등록증부터 시작해 여러 가지가 필요합니다. 그 중 택배사를 지정하는 것은 배송과 관련 되므로 매우 중요한 일입니다. 나는 당시 초보이고 판매할 물건도 몇 개 없는데다가 한 달에 몇 개나 택배가 나갈지 알 수 없었습니다.

택배사에 전화를 하니 ARS만 나오고 송장조회만 가능한 시스템이었습니다. 도대체 남들은 어떻게 기업택배계약을 하는 지 신기했습니다.

우체국은 다행히 전화 연결이 되었습니다. 한 달에 100건이 되어야 기업택배 계약을 할 수 있으며 발송할 제품은 날마다 직접 우체국으로 가지고 오라고 하였습니다.

나는 "날마다요?" 라고 재차 확인했습니다. "그럼 기사님이 픽업을 하시려면 어떻게 해야 하나요?" 라고 물으니 한 달에 200건 정도 택배물량이 되면 직접 픽업이 가능하다고 하였습니다. 나는 절망했습니다. 시작도 안했는데 기운이 쭉쭉 빠졌습니다. 어차피 해야 될 일 방법을 찾아야 했습니다.

나는 다음 날 커피를 한 잔 사서 공방 앞에 앉아 있었습니다. 어떤 택배사가 몇 시에 오는 지 살폈습니다. 같은 택배사여도 한 번만 오는 것이 아니었습니다. 기사님이 달랐습니다. 처음 알았습니다. 다음 날은 대략적인 시간에 맞춰서 나왔습니다. 처음으로 택배기사님께 조용히 말을 걸었습니다.

"저... 혹시 택배 계약 하세요?"
"안 해요 안해."

단칼에 거절을 당했습니다. 차라리! 잘 되었습니다. 이 때부터 오기가 생겼습니다. 그래서 공방 앞에서 제자리 달리기를 하였습니다. 에너지를 발산시키면서 큰 목소리로 자신있게 말하기 위함이었습니다.

오후에 조금 젊은 기사분께 말을 걸었습니다. 기사님은 시간을 바쁘게 쓰는 사람이라 저도 스텝을 맞춰 저 멀리서 탁탁탁탁 뛰어갔습니다.

"기사님 안녕하세요! 혹시 택배계약 하세요?"

표정이 뭐 말하고는 싶은데 설명하기 귀찮은 표정이었습니다.

"저 잘 할 수 있어요."
"최소 물량이 어떻게 되요?"

기사님이 픽! 웃더니 말했습니다.

"물건이 어떤 종류에요? 여기 전화번호로 사업자등록증 카톡으로 보내봐요."

그렇게 나는 로젠택배와 2500원 계약택배를 했습니다. 지금 생각하면 웃기기만 합니다. 느닷없이 아줌마가 나타나 잘한다니, 뭘 잘할 수 있다는 건지 말에요. 그렇지만 당시에는 절박했습니다. 간절함과 절박함은 무엇이든 되게 하였습니다.

　당신이 안 되는 것이 있다면 또는 갖고 싶은 것이 있다면 일부러라도 간절함을 만드십시오. 간절하다고 혼자 발만 동동 구르지 말고 두드리십시오.
　모든 요청은 사람이 듣고 사람이 응해줍니다. 입을 열어 원하는 걸 말하지 않으면 얻을 수 없습니다. 구하고, 찾고, 두드리십시오. 요청하십시오.
　당신이 원하는 걸 갖게 될 것입니다.

김은석 코치의 1인공방 창업이야기
목공전문 브랜드, 우드라이크 시작

WoodLike, 우드라이크는 그렇게 태어났습니다.
나는 브랜드 이름을 지을 때 망설이지 않았습니다.

"나무가 좋아, Woodlike " 는 나무와 함께하는 모든 일을 좋아한다는 뜻입니다. 나무와 관련된 활동은 모두 좋았습니다. 나무는 내게 힘들 때 나를 위로해 주었습니다.

나는 나무로 무언가를 만들 때 그 일에 집중 할 수 있었습니다. 어떤 잡념도 생각나지 않았습니다. 시간도 무척 빨리 갔습니다. 그리고 결과물이 나왔을 때는 너무 좋았습니다.

나무를 만질 때마다 풍기는 나무향은 나를 정서적으로 안정시켜주었습니다. 심리적으로 편안함을 느끼게 하였습니다. 나무와 함께 하는 꿈을 많이 꾸었습니다.

처음 우드라이크는 아이들 고모부의 영향으로 편백관련 제품을 납품받아 후가공 하는 형태로 판매를 시작하였습니다. 처음에 나는 쉽게 생각했습니다.

고모부의 다른 거래처들은 편백제품이 주문 들어오면 해당 업체이름으로 택배 발송까지 해주고 수수료만 주는 형태로 운영된다고 하였습니다.

나도 그렇게 편백제품 몇 개와 내가 직접 제품을 만들어서 판매하는 몇 개로 시작했습니다. 아는 사람, 가족은 관계가 어렵습니다.

알아서 해주겠지, 잘 되겠지 하는 마음이 안 된다는 마음으로 변하는 것을 아는 데에는 오랜 시간이 걸리지 않았습니다. 내 것을 세일즈 해야 합니다, 나는 내가 할 수 있는 것을 생각했습니다,

"나는 교육자 집안에서 가르침이 있는 삶이 익숙한 사람이다."
"나는 나무와 공구를 이용한다."
"나의 활동이 타인에게 도움이 되는 일에 보람을 느낀다."

나는 도제식 교육과 같은 가르침이 있는 공방이 있으면 좋겠다 싶었습니다. 마침 기관에서 목공을 배울 때 한 번 방문 했던 공방에서 연락이 와서 목공을 다시 배우게 됩니다.

김은석 코치의 1인공방 창업이야기
나의 첫 제품 diy목공키트를 만들다

공방에 계신 선생님들은 너무도 좋으신 분들이었습니다.

나는 별 일이 없으면 그 곳으로 출근하여 빗자루부터 들고 하루를 시작했습니다. 이런 공간을 내가 와도 됨을 허락해 주신 공방장님께 너무 감사하고 꿈만 같았습니다.

우와! 나는 그 곳에서 정말 많은 것들을 배웠습니다.

아빠와 비슷한 교육철학을 갖고 계신 공방장님께서 내게 아낌없이 가르쳐 주셨습니다. 아무리 바빠도 내가 만들고 싶은 것이 있으면 우선으로 만들어 주셨습니다.

　행복하고 감사하게도 나는 참관수업도 나갔고 보조강사로도 활동했습니다. 내가 만들고 싶은 제품도 만들었습니다. 차츰 내가 세일즈 하고 싶은 내 것들이 생겨나기 시작했습니다.

　초등학교 5학년 학생들은 실과 시간에 목공을 배우게 됩니다.
　이 때 학교마다 재료를 구입해서 수업을 하기도 하고 목공강사를 불러 수업을 하기도 합니다. 나는 아이들과 만나 목공 수업을 하는 게 즐거웠습니다. 보람 있었습니다. 체험수업도 나가고 목공수업을 할 수 있는 재료도 판매 했습니다.

　기존의 목공재료는 단순했습니다.

　학교 앞 문구점에는 MDF 2개를 상자에 담아 판매했습니다. 인터넷에는 목공반제품이라는 용어들만 있을 때였습니다. 나무만 재단해서 판매하는 식이었습니다.

　나는 학교에서 목공수업을 하면서 목공체험을 하는데 얼마나 많은 재료들이 필요한지를 알았습니다. 그 많고 자잘한 부자재들을 다 챙기려면 선생님이 무척이나 귀찮을 것 같았습니다.

나는 가장 많이 만드는 연필꽂이키트부터 만들었습니다.

연필꽂이를 만들 수 있는 목재와 부자재. 즉, 못과 본드, 사포, 페인트와 페인트를 칠할 수 있는 스펀지 붓을 담았습니다. 아이들이 만들 때 책상이 지저분해지지 않도록 일회용식탁보와 일회용장갑도 넣었습니다. 나중에는 커다란 쓰레기봉투와 물티슈까지 완벽하게 박스에 포장해서 택배발송을 하였습니다.

처음 목공키트를 판매할 때 주문하는 학교들은 많지 않았습니다. 나는 서두르지 않았습니다. 학교 선생님들과 복지관, 관공서 담당자들은 전근을 갈 것이고 시간이 지나고 데이터가 쌓이면 거래학교는 늘어날 것이기 때문입니다. 한 명의 고객을 한 명의 세일즈맨으로 생각하고 특별한 영업없이 최선을 다 했습니다.

3년쯤 지나고 내 생각은 실현되었습니다!

선생님들은 타 지역으로 전근을 가도 체험시기가 되면 우드라이크에 어김없이 연락을 합니다. 이제는 목공키트를 200개 주문하면 각 반이 몇 명인 지 물어서 반별로 키트박스를 구성합니다. 담임선생님용 교사용조립지도서 까지 넣어서 여유있게 보냅니다.

우드라이크를 한 번 경험한 선생님들은 빠진 재료가 있나 다시 체크해 보지 않아도 됩니다. 수업일자에 빠듯하게 올까봐 불안해 하지 않습니다. 결제서류가 늦어질까 걱정하지 않습니다.

나는 그러한 변수들을 고려해 교사용 여유자재와 완성샘플을 함께 보냅니다. 혹시라도 체험제품이 착오가 있을 수 있을까를 염려해 수습할 수 있는 날짜를 확보해 여유있게 보냅니다.

체험박스 겉면에는 연필로 체험제품명과 수량 등을 메모합니다. 우드라이크에서 납품받는 공방들은 택배박스도 재활용 할 수 있기에 아주 작은 것들도 배려합니다.

이제 www.diylike.co.kr 에서 우드라이크 제품을 쉽게 주문해 받아보세요!

김은석 코치의 1인공방 창업이야기
내 것이 아니다

많이 따랐던 공방은 생각보다 오래 다니지 못했습니다.
목공키트용 체험제품에 공방의 자사로고를 찍어서 제게 납품을 했기 때문입니다. 나는 공방장님께 얘기 하였습니다.

"저는 이 제품을 다른 공방에서 제작하지 않는 것이 상도덕이라 생각합니다. 타 공방이 가격을 아무리 저렴하게 공급한다고 할지라도 내가 받지 않겠습니다. 혹시 로고를 새기지 않고 납품받을 수 있는 방법이 없는지 궁금합니다."

아무래도 우드라이크 쇼핑몰에서 구입한 물건에 다른 공방의 로고가 찍혀 나가면 고객들은 혼란스러울 것 같았기 때문입니다. 그런 이유를 충분히 설명 드리고 내게 납품하는 나무 제품에 공방 로고를 찍지 않도록 부탁드렸습니다.

공방장님은 그렇게 할 수 없다 하셨습니다.
그 이유는 공방로고는 자신의 공방을 알리고자 하는 게 아니라 자신의 제품에 책임을 지겠다는 뜻으로 나무에 로고를 새기는 것이라고 하셨습니다. 이 말도 맞고 저 말도 맞는 말입니다.

나는 그렇게 자연스럽게 공방 출근이 줄어들었고 결정적으로 몸이 며칠 아프고 명절을 맞이하여 휴일이 길어지며 여차저차 공방에 나가지 않게 되었습니다.

나는 이번에도 "내가 쉽게 생각했나, 사업이란 게 쉽지 않구나" 하고 주춤했습니다. 나는 여전히 공방이 없는 떠돌이 보조강사, 보따리 플리마켓 판매자였습니다.

나도 공방을 너무 갖고 싶었습니다. 내가 원하는 기계와 나무를 쌓아두고 원없이 내가 만들고 싶은 제품을 만드는 것이 꿈이었습니다.

그러나 나는 당시 아이들이 어렸고, 일 할 시간도 부족했으며, 자금력도 없었습니다. 남편은 내가 가정일에 소홀하지 않으면서 적당한 시간을 일하며 돈을 벌기를 바랐습니다.

인정하기 싫지만 이게 필드의 현실이자 가정의 현실입니다. 당신은 어떻게 생각합니까?

나는 이 경험으로 깨닫게 되었습니다.

첫째, 내 자유대로 운영할 수 없다면 내 것이 아니다
둘째, 여자, 엄마에게 딱 맞는 1인사업의 형태가 필요하다
셋째, 갈수록 쉬운 게임이 되는 내 분신을 만드는 시스템이 내 인생을 역전시킨다
넷째, 꿈은 이루라고 있는 것이다

당신은 오늘 어떤 꿈을 이루며 준비하고 있습니까?

김은석 코치의 1인공방 창업이야기
맨 땅에 헤딩

나는 입장을 바꿔놓고 생각했습니다.

'그들은 오랜 시간 자신의 영역에서 자신 만의 룰로 자신만의 생존으로 살아남았어. 그런데 이제 막 시작한 네가 시장만 흐리게 하고 기분에 따라, 아이를 핑계로 언제든지 그만 둘 수도 있는데 널 어떻게 믿고 알려줘?'

모든 분야가 그렇겠지만 제조업은 특히나 제품의 카피가 쉽고 빠릅니다. 어떤 것이 좋다고 하면 바로바로 값싼 수입제품들이 들어옵니다. 목공은 목공을 전문으로 하는 목수와 체험을 주로 하는 목공체험강사로 나뉩니다. 목수들은 목공체험강사들이 눈에 찰 리가 없을 겁니다.

분야가 다릅니다. 나도 처음부터 목수가 될 생각은 없었습니다. 나는 아이들과 만나고 싶었습니다. 아이들이 나무로 변화되는 모습이 좋았습니다.

목공키트를 만드는 방법을 다시 모색하기로 했습니다.
인터넷, SNS, 주변 목공방을 모두 알아봅니다. 그리고 내가 원하는 데로 목재를 공급받을 수 있는 거래처 3군데를 지정했습니다. 키트에 들어가는 부자재 거래처도 하나하나 세팅해 갑니다.

2원 짜리 작은 못 하나, 고무줄 하나, 비닐봉투 하나하나 모두 내 손을 거쳐 세팅합니다. 그리고 원가계산도 다시 합니다. 사진도 찍고 상품설명도 하고 교사용 지도서도 만들어 놓습니다.

연필꽂이키트와 냄비받침키트는 거의 일 년에 걸쳐 수정하여 완성 되었습니다. 너무도 단순하고 기본적인 제품입니다. 그렇지만 마니아 층이 생겼습니다.

한 번 경험한 선생님과 강사님은 또 다음해 우드라이크를 찾습니다. 해 마다 체험품목 당 몇 천개씩 나가는 제품입니다. 나는 초창기 이런 diy목공키트들을 몇 달에 한 개씩만 늘려가는 것을 목표로 하였습니다. 온전히 내 힘으로 내 것을 말입니다. 그리고 그 믿음대로 내가 원하는 것을 다 얻었습니다. 지금도 얻고 있습니다.

나는 다시 한 번 깨달았습니다.
"맨 땅에 헤딩은 좋은 것이다!"

일단 저질러야 내게 맞는지 알 수 있습니다. 나는 저지르기 선수입니다. 내 머릿속에서 아무리 생각해봐야 알 수 없는 부분이 더 많습니다. 부딪히면 강해집니다. 부딪히면 결과가 나옵니다.

김은석 코치의 세상 쉬운 목공diy이야기
당신의 분야에서 목공을 플러스 하세요!

당신의 전문분야는 어떤 것입니까?

캔들을 만드는 공방을 운영하나요?
문화센터에서 캘리를 가르치나요?
방과후교사로 토탈공예를 가르치고 있나요?
미술학원 원장님이세요?
지원센터 체험 담당자세요?

당신은 혹시 목공에 관심이 있나요?
목공자격증만 따고 강의는 아직 못해봤나요? 괜찮습니다! 이젠

자격증만 따는데 돈을 쓰지 말고 당신의 강의로 돈을 벌면 됩니다. 내가 그 길을 제시할 것입니다.

당신의 분야에서 목공을 플러스 하십시오!

체험의 폭과 깊이가 훨씬 넓고 다양해 질 것입니다. 당신이 한 가지만 수업하고 싶다면 그렇게 해도 됩니다. 하지만 당신도 느낄 것입니다. 작년 보다 올해, 그리고 앞으로 점점 더 목공수업이 가능한지 물어보는 횟수가 잦아질 것이라고요.

목공 수업을 추가 하고 싶나요?
그러면 내게 코칭을 받으면 됩니다. 가까운 목공방을 찾아가면 짜맞춤 방식이라며 톱질만 한달 내내하면서 교육비는 50만원부터 시작합니다. 그래서 언제 내 수강생들에게 목공을 가르칩니까?

당신은 이미 강사입니다. 티칭방법, 말로 전달하는 능력은 이미 탁월할 것입니다. 나보다 더 잘 알고 있습니다. 그렇다면 목공의 기본적인 것. 꼭 필요한 체험진행. 수업 노하우 등을 습득하면 되지 않습니까?

누구도 가르쳐주지 않고 그런 커리큘럼은 더더군다나 없습니다. 행여나 내 체험수업을 나보다 모르는 전문분야도 아닌 당신이 빼

앗아갈까 싶어서 말입니다.

   목공의 기술을 가르쳐 주는 곳은 많습니다.
   당신도 잘 알 것입니다. 지식만으로 수업을 할 수는 없습니다. 국비로 민간 자격증을 취득했다고 해도 선생님께 수업을 의뢰 하지 않습니다. 교육기관에서 취업연계는 아주 소수입니다.

   내가 처음 목공을 배우고 창업했을 때 나는 하나부터 열까지 더디게 자리 잡았습니다. 당신은 빠른 지름길을 갈 수 있습니다. 내가 아는 것부터 풀어내고 다시 채워가면서 브랜딩을 해가면 됩니다. 당신이 좋아하고 관심 있는 일은 돈이 되어야지 지속할 수 있습니다.
   가치 있는 1회성 경험에만 그치지 마십시오.

김은석 코치의 세상 쉬운 목공diy이야기
어디까지 할 수 있어요?

자주 출강하는 곳이 아닌 처음 방문하는 기관에 출강을 나가면 가끔 담당자들이 놀랄 때가 있습니다.

"어머. 여자분이셨어요? 저는 이름도 김은석이라고 해서 당연히 남자분이신 줄 알았어요. 호홋" 라고 말이죠.

나는 이 질문이 이렇게 들립니다.

"어머, 나무로 어디까지 만들 수 있어요?

"우리 복지관에 이런 게 필요한데 이런 것도 가능해요? "

우드라이크 주력분야는 따로 있습니다.

[1] 어린이목공체험 전문
[2] 부모와 함께하는 목공체험지도 전문
[3] 그에 맞는 목공DIY키트 개발 및 납품
[4] 그에 적합한 전문강사 배출

물론 원목제품의 주문제작, 나무틀 전국유통, 편백제품 수출도 진행합니다. 하지만 그러한 것들은 사업부를 따로 두거나 프로젝트 성으로 추진하고 우드라이크 핵심가치에 집중합니다.

당신도 혹시, 목공방 공방장 하면 당연히 남자분이거나 인테리어 목수를 떠올리지 않나요? 나는 처음 목공을 시작하고 새끼강사부터 시작해 목공교육지원센터를 운영하기까지 목공diy키트상품과 목공diy교육이 잘될거라는 확신이 있었습니다.

초등학교 5학년 실과 수업에 의무적으로 포함되는 목공수업의 전문체험이 늘어날 것이라는 확신입니다.
또한 중학교의 자유학기제 확대로 체험수업이나 창의적 메이커 교육의 수요도 늘어날 것이라 생각했습니다. 사회가 점점 더 빠른 변화를 추구하고 미디어가 발달할수록 자연과 함께 하는 삶, 자신을 존중하는 삶의 행보는 더욱 늘어날 것이다 라고 말이죠.

더 치열하고 더 교묘해지는 미래사회는 더욱 더 나를 찾는 인문학적 삶으로 돌아올 것입니다.

그 중심에 나무는 사람을 이롭게 합니다.

지금까지의 실력있는 공방장이나 목수들은 교육적인 부분. 서비스 마인드 부분에 가치를 두지 않습니다. 왜냐하면 기술자 마인드로 접근하기 때문입니다. 그래서 나는 철저히 체험자와 기관의 입장으로 접근했습니다.

기관이 원하는 체험제안서와 프로세스를 만들어 보여줬습니다. 수업 진행은 기술적인 부분과 교육적인 부분을 더했습니다. 체험 완료 후 서류 및 피드백 정리에 불편함을 없앴습니다.

목공은 제 3외국어를 배우는 것과 다르지 않습니다.

사람들은 1번 또는 2~3번의 목공체험으로 마무리 되는 게 일반적입니다. 그 안에서 나는 즐거운 체험을 바탕으로 나무의 유익을 느끼는 수업에 중점을 줍니다.

목수들은 웃을 수도 있습니다. '제 까짓 게 뭘 안다고 목공을 가르쳐? 아무것도 모르면서!' 하고 말이죠. 나는 나의 주력분야만 파고들었기 때문에 이 분야의 최고 전문가입니다.

    수업 컨셉에 따라, 타켓 체험자들마다 모두 다르게 수업 할 수 있습니다. 연필통 하나를 만들어도 유아는 15분 만에, 성인은 3시간동안 수업을 진행 할 수 있습니다.

    나는 첫 책을 육아서로 출간하고 첫 강의 역시 부모를 위한 육아 강연으로 시작하였습니다. 그러한 경험들을 바탕으로 부모와 함께 하는 목공체험시간에는 자녀와 소통할 수 있는 방법들도 이야기 합니다. 티칭이라는 건 기술과 마인드만으로 되지 않습니다.

김은석 코치의 세상 쉬운 목공diy이야기
나는 어린이 목공전문강사

당신은 1만시간의 법칙을 믿습니까?

나는 거의 대부분의 일을 1만시간의 법칙을 적용하고 있습니다. 시간과 년 수를 보내는 경력이 아닌 횟수 경험을 늘립니다.

사랑도 마찬가지입니다.

오랜 시간 연애를 해서 결혼하는 것이 아니라 시간이 흐르고 결혼연령이 되어서 결혼한 건지 모릅니다. 군대 간 남자친구를 그냥 시간이 지나가서 고무신을 거꾸로 신지 않은 것이지 기다린 게 아닐 지도 모릅니다.

나는 창업 후 5년의 시간 동안 그냥 시간을 보내지 않았습니다. 그 시간 안에 아이들 앞에 당당히 서고 싶었습니다. 그래서 출강을 많이 했습니다.

많은 강의를 통해 일어날 수 있는 모든 변수를 빨리 경험하고 대처하는 능력을 갖기를 원했습니다. 다양한 학생들의 만남과 특수한 환경들, 프리마켓과 큰 박람회 참가 경험 등을 지속적으로 늘렸습니다.

처음 목공체험 출강 때 짐이 엄청 많았습니다. 마치 초보 엄마의 가방과 같습니다. 아기와 첫 외출 때 기저귀 가방이 엄청나게 컸었던 것처럼 말이지요. 2시간 외출할 때에도 불안해서 기저귀를 15개씩 챙겨 나갔습니다.

차에도 여분을 두고 다녔습니다. 그런데 막상 외출해서 보면 기저귀 커버가 없었습니다. 하지만 시간이 갈수록 기저귀 가방은 줄었습니다. 꼭 가져가야 될 것들이 좌라락 빠른 시간 안에 준비가 됩니다. 노하우가 생겨 비상시 써 먹을 수 있는 장난감이나 간식도 준비합니다.

목공체험 출강 때도 이것저것 필요한 것이 많았습니다. 불안해서 이것저것 다 준비해 갑니다. 그런데 막상 출강체험을 나가면 중요한 것들을 빼먹을 때가 있습니다.

수업 시간에 꼭 해야 할 말을 잊을 때도 있습니다. 믿기 어렵지만 망치를 잊고 간 적도 있었습니다. 나는 그 모든 것들을 메모하고 수정하면서 나를 성장시켰습니다.

이제는 즐거운 목공체험을 넘어서 아이들이 나와 같이 목재를 통해 정서적 안정감을 느끼고 심리적 편안함을 느끼기를 바라는 마음으로 체험에 임합니다.

나무와 함께하는 목공이 아이를 변화 할 수 있습니다.
교육이 미래입니다.

나는 어린이 목공전문강사입니다.

김은석 코치의 세상 쉬운 목공diy이야기
목공지원센터와 함께 하는 강사님들

생활 속 핸드메이드와 DIY에 대한 전반적인 인식이 확대되면서 목공에 대한 수요가 점점 늘어나고 있습니다. 우드라이크 초창기에는 생활에 필요한 소가구들을 만들고 누군가 필요로 한다면 주문제작을 하려고 하였습니다. 그런데 주문제작 의뢰보다 강사님들 목공수업 문의가 더 많았습니다.

그 원인을 파악해보니 우드라이크를 시작하고 파워블로그 때 익숙했던 체험단을 운영했기 때문입니다. 당시만 해도 목공은 키드라는 개념보다 반제품이라는 목제만 제공히는 형태의 서비스기 일반적이었습니다. 우드라이크는 처음으로 목공에 반제가 아닌 목공키트라는 용어를 도입하였습니다. 그리고 체험단을 통하여 목공키트를 알렸습니다. 일반 고객들에게 연필꽂이 키트를 구성해서 체험단을 운영하고 미래 고객들이 후기 포스팅을 확인할 수 있게 하였습니다.

후기 글은 학교 선생님, 기관의 담당자들과 방과후 토탈공예 선생님들에게 검색이 되었습니다. 대부분의 강사님들은 기존에 자신의 분야 수업에서 목공을 추가로 하고 싶어하시는 분이셨습니다. 해마다 새로운 아이템을 찾아야 하는 강사님들이 많았습니다.

나는 방과후강사들이 있는 카페와 미술학원 원장님들이 있는 커뮤니티 카페에 들어가 모니터링을 하였습니다. 현장의 목소리를 듣고 무엇이 불편한 지 살폈습니다. 그 곳에서 내 시장을 확인하고 내가 해결할 수 있는 것을 찾았습니다. 필요한 부자재를 넣어 목공키트를 만들고 온라인 강연도 만들었습니다.

www.diylike.co.kr 목공지원센터에서는 목공자격증과정과 창업반 선생님들께 시즌에 앞서 체험 신제품을 제공합니다. 방학특강이나 가정의 달, 할로윈데이, 크리스마스 전에는 특강이 필수이기 때문입니다. 우드라이크 강사님들은 시즌 준비로 골치 아플 일이 없습니다.

강사님들을 위한 것들은 또 있습니다.

내가 현장에서 수업을 하다보니 수업에서 변수가 많습니다. 나는 모든 일을 아이들 수업을 우선으로 하여 결정합니다. 자재가 어떻고 단가가 어떻고는 다음 문제입니다. 강사님들의 문제를 빨리 해결하고 수습해줍니다.

우드라이크가 마니아강사님이 많고 소리없이 롱런하는 이유입니다.

김은석 코치의 세상 쉬운 목공diy이야기
목공강사코스는 쉽다

　목공지원센터에서는 목공자격증을 취득하고 강의를 시작하려는 강사님 보다 자신의 분야에서 목공을 추가로 수업하시는 강사님들이 주를 이루고 있습니다.

　캘리강사님, 미술학원 원장님, 태권도관장님, 앙금플라워강사, 캔들, 아로마 강사님, 플로리스트 등 분야가 다양했습니다. 그러다 보니 직접 목공수업을 하는 일과 비슷한 비율로 다른분야 강사님들을 만날 기회가 많아졌습니다.

바빠집니다. 왜냐하면 목공키트만 구입하면 수업을 할 수 있는 것이 아니라 그에 따른 목공에 대한 부분도 알아야 되기 때문입니다. 만드는 방법을 교사용 지도서로도 제작하여서 보내드렸습니다. 그리고 카톡으로 물어오면 그 때마다 알려드렸습니다. 공방으로 오셔서 배울 때는 쉬운데 막상 돌아가셔서 만들어 보려면 생각이 나지 않는다는 것이었습니다.

여러 강사님들이 궁금해 하는 것은 비슷했기에 나는 같은 말을 반복하는 것이 비생산적이다 생각했습니다. 궁금한 것들은 실제로 보여주면 쉽고 전화통화해서 내가 설명만 하면 간단할 텐데 내가 밀착 도움을 줄 수 없어서 안타까웠습니다.

결정적인 계기는 제품을 조립하고 스텐실로 꾸미기를 하는 단계였습니다. 스텐실 하는 방법은 말로 하는 것으로는 해결이 되지 않았습니다. 그렇게 온라인 강연은 시작되었습니다.

'왕초보 목공diy' 과정은 누구나 쉽게 목공을 알 수 있도록 만들었습니다. 수강생이 자주 묻는 것들을 위주로 꼭 알아야 하는 목공의 기초적인 내용들을 담았습니다. 기본적인 수업 진행에 대해서도 어떻게 하면 되는 지 오디오북으로 설명하고 온라인 강연으로도 제작하였습니다.

강사님들은 '왕초보 목공diy'와 '목공diy3급자격증' 과정을 통해 목공을 쉽고 빠르게 배울 수 있습니다.

이런 것까지 물어봐도 되나?
너무 기본적인 걸 물어보나?
아. 이것도 물어볼 걸.

강사님들은 더 이상 내게 미안해 하며 카톡으로 물어보지 않습니다. '왕초보 목공diy' 강연을 언제든 볼 수 있기 때문입니다. 내가 초보 강사시절에 창피해서 선배들에게 물어보지 못했던 아주 유치한 질문도 하나하나 다 지혜롭게 풀어놓았습니다. 강사님들이 궁금해 하는 모든 것을 담았기 때문에 유익하고 편할 수 밖에 없습니다.

'왕초보 목공diy' 코스에서 기본 적인 것을 익히고 나면 중급강사코스에서는 그에 따른 활용방법과, 변수, 다양한 팁들을 알려드립니다. 신제품과 목공체험수업의 트렌드도 바로바로 알 수 있게 합니다.

목공은 어렵고 고귀한 취미생활이 아닙니다.
누구나 쉽게 목재를 접하고 친환경 적인 삶을 누리길 바랍니다. 나무와 함께 생활에서 활용할 수 있는 체험에 중점을 두었습니다.

목공은 쉽습니다.

손재주가 없어도 할 수 있습니다. 나 역시 단순히 나무냄새가 좋아서 관심을 갖다보니 일로 연결 되었습니다.

www.diylike.co.kr 목공지원센터에서 강사님들은 쉽게 목공을 배울 수 있습니다. 당신이 좋아하는 일과 관심분야를 돈으로 교환하는 방법을 모른다면 이 역시 목공지원센터에서 상세히 도움을 드릴 것입니다.

김은석 코치의 세상 쉬운 목공diy이야기
2시간 만에 목공체험이 가능해요?

여러 가지 여건 상 목공체험은 원데이 체험이 일반적입니다. 이유는 다음과 같습니다.

첫째, 원목 자체의 높은 재료비.
둘째, 공구사용 특성상 주강사, 보조강사의 기술전문강사비
셋째, 체험 시 발생되는 소음과 먼지 등의 공간의 제약

전화로 문의를 한 상태라면 일단 기본적인 재료비와 강사료는 예산이 확보된 것이라 보면 됩니다. 가장 궁금해 하는 것이 체험 장소입니다. 기관에서는 아무것도 없는 데 목공수업이 가능한 지,

소음이 있어서 옆 강의실에서 방해가 되지 않는 지, 2시간만에 수체험이 가능한 지 궁금해 합니다.

　목공체험은 조립 후 사포질을 하는 샌딩작업이 동반되기 때문에 먼지가 발생됩니다. 창문이 있는 교실이면 됩니다. 책상에는 일회용 식탁보를 깔고 수업을 할 수 있도록 세팅 합니다. 페인트나 천연오일 마감제가 묻을 수 있기 때문입니다.

　망치수업을 하는 경우가 일반적인데 아무래도 여러명이 망치질을 하면 소음이 발생 될 수 있습니다. 이 점을 감안해서 교실을 정하면 목공 수업을 하는 데 무리가 없습니다.

　초등학교는 보통 45분 수업이라 목공체험은 2시간 수업이 아닌 2교시 수업을 합니다. 45분씩 2교시이니 쉬는 시간 없이 1시간 30분 내외 수업을 하게 됩니다. 처음 목공수업을 했을 때 시간 배분을 잘못하여 항상 시간이 부족했습니다.

　1교시는 안전교육과 망치 사용법, 조립으로 마무리 합니다.
　2교시는 스테인이나 오일로 마감 또는 스텐실로 꾸미기를 합니다.

　www.diylike.co.kr 목공지원센터에서는 2시간 안에 체험이 가능한 목공체험키트가 지도설명과 함께 많이 준비되어 있습니다.

  한 번도 해보지 않은 선생님은 있지만, 한 번만 구입한 선생님은 없다는 우드라이크 목공체험키트에 대해 더 자세히 안내드리겠습니다!

김은석 코치의 세상 쉬운 목공diy이야기
DIY목공강사 프리미엄 코스

나무와 함께 무언가를 만드는 것을 좋아하는 분들이 있습니다. 공통점은 자신들이 좋아하는 일이 돈이 되게 하도록 움직이는 사람이었습니다.

본업이 있고 취미가 돈이 되는 일이 있다는 것은 무척 매력적이지요. 본업을 바꾸려고 하시는 분들도 있었습니다. 경력단절여성에게도 경쟁력있는 과목이기도 하고요.

DIY목공강사 프리미엄 코스는 이러한 니즈를 바탕으로 개설되었습니다. DIY목공체험을 위주로 알려드리는 것입니다.

목공체험에 주로 쓰이는 나무, 기본적인 체험제품들을 교육하는 방법들을 알려줍니다. 배우면서 강의하고 강의하면서 배웁니다. 500만원이 넘는 돈을 주고 도제식 교육을 받고 국비과정을 받아서 자격증을 취득하는 것만으로는 목공강사가 될 수 없습니다.

누구도 당신을 목공전문강사로 인정하지 않으며 당신은 그것을 증명할 수 없기 때문입니다. 목공지원센터에서는 그러한 것들을 해결해 줍니다.

목공교육지원센터의 교육은 교육이 끝났다고 해서 끝이 아닙니다. 교육이 끝나고 나서도 끊임없이 신제품 교육과 오디오북, 온라인강연을 업데이트 해주고 노하우를 알려줍니다. 이런 과정은 어디에도 없습니다.

대부분 목공교육은 몇 회, 몇 시간 교육으로 끝이 납니다. 이후는 다시 원점입니다. 당신은 추가로 배울 것이 생길 것이고 또 교육을 위한 시간과 돈을 투자하러 보따리교육쇼핑을 하게 될 것입니다.

시작과 동시에 강의를 하고 배우면서 강의하는 시스템의 가치는 점점 더 올라가고 있습니다. 그 가치를 인정받기에 목공교육지원센터는 소수의 강사님들에게만 코칭하며 프리미엄강사코스는 가격이 더 올라가고 있습니다.

나 김은석은 그럴듯한 교육이 아닌 실용적인 교육, 투자해서 더 많은 돈을 버는 길과 방법, 생각을 코칭받는 목공교육을 합니다.

김은석 코치의 세상 쉬운 목공diy이야기
큰일났어요. 목공수업의뢰가 들어왔어요

춘천에 계신 선생님으로부터 연락이 왔습니다.

"안녕하세요, 저는 이번에 목공체험강사 자격증을 취득했어요. 기관에서 저를 좋게 보셨는지 1년 동안 초등 목공수업을 진행해 달라고 하는 데 저는 수업을 해 본 적이 없어요. 도와 줄 수 있나요? 뭐든 배우겠습니다."

서울까지 거리가 있는 점. 당장 교육이 필요한 점을 고려하여 온라인 강의부터 오픈하였습니다. DIY목공강사 전체 교육과정이 필요한 상황이라 250만원에 해당되는 프리미엄강사코스를 추천

드렸고 빠르게 습득하셨습니다.

 이 후 공방에 오셔서 원데이로 추가 내용을 배워가셨고 1년 동안 무사히 수업을 진행하게 되었습니다. 매 회 수업을 할 때마다 수업 후기를 남겨주셨고 나 또한 피드백을 드렸기에 빠른 성장을 할 수 있었습니다. 주강사 혼자 출강할 때의 수업진행과 보조강사가 지원되었을 때 두 명이서 수업하는 방법도 알게 되었습니다.

 1년 동안 진행되는 목공체험은 자칫 아이템 부족이 올 수 있는데 이 부분을 가장 편하다고 하셨습니다. 단가 계산하는 것과 여기저기에서 부자재를 사야하는 불편함도 해소가 되었습니다. 학교에서 서류 제출하는 부분도 행정실에서 무엇을 좋아하고 싫어하는지 알려드렸습니다.

 강사님은 지금 3년 째 학교를 이동하면서 수업을 하고 있습니다. 이제는 질문이 많이 줄어서 베테랑이 되었습니다. 그래도 꾸준히 소통하고 있습니다. 목공지원센터에서는 수업에 대한 추가 피드백을 들을 수 있고 매 달 새로운 아이템을 제공하기 때문입니다.

 목공지원센터에서는 이러한 방식으로 코칭하는 선생님들이 해년 마다 늘어나고 있습니다. 가장 보람을 느낄 때는 이 말을 들을 때입니다.

"아이들이 정말 좋아했어요"

글자 그대로는 별 말 아닌 데 나는 가끔 행복에 겨워 눈물이 핑 돌 때가 있습니다. 그리고 나도 가끔 물어봅니다.

"아이들이 좋아했어요?"

또 하나는 내가 교육을 할 때 '기관에서 이러한 것들을 요청할 테니 미리 준비해 놓으세요' 라고 했을 때 별 감흥 없이 듣다가 나중에 '정말 대표님 말이 맞네요' 라고 했을 때입니다.

목공작업을 할 때는 나 혼자 하지만 목공체험을 진행할 때는 함께 호흡함을 느낍니다. 나무가 주는 정서적인 행복감과 평화로운 일상의 안정감이 삶에 좋은 변화를 줍니다.

나무 냄새가 좋아서 시작한 목공.
나무는 쉼이고 치유고 나를 찾는 과정입니다.

김은석 코치의 세상 쉬운 목공diy이야기
전국 문구점에서 연락이 오다

학교는 필요한 물품들을 지정된 곳에서만 구입할 수 있는 시스템이 있습니다. 수의 계약이라고 하였습니다. 나는 처음에 이것을 몰랐습니다.

학교 선생님들 중에 우드라이크로 직접 연락을 하는 경우가 있습니다. 그 분들은 해 년 마다 납품받은 저가형 목공제품들에 아쉬움이 크다고 하였습니다. 아이들과 형식적인 목공수업이 아니라 제대로된 목공체험을 해주고 싶다고 말입니다.

어떤 선생님은 쇼핑몰에서 체험키트 1개를 샘플로 구입하기도 합니다. 이 후엔 대형 문구점에서 키트 구입 전화를 하는 일이 잦아졌습니다. 수의 계약을 맺은 전국의 문구점 사장님들이 내게 전화해서 묻습니다.

"아니, 연필꽂이키트가 여기만 있는 것도 아니고, 비싸기도 한데 왜 선생님이 우드라이크를 언급하면서 꼭 여기서 구입하겠다고 하는 지 모르겠네요. 우리도 심부름만 할 수는 없으니 가격 좀 조정해주면 안되겠습니까?"
"아~ 네. 그렇군요. 알겠습니다. 견적서 잘 보내드릴게요!"

견적서를 보내고 체험키트를 잘 준비해서 학교가 아닌 업체로 택배를 보냅니다. 그 다음 해에 이 업체는 내게 '왜 선생님이 여기서만 구입하려고 하는지 모르겠다'라는 말을 하지 않습니다. 가격 조정 얘기도 하지 않습니다.

목수는 할 수 없는 일입니다. 다른 공방들도 하지 않습니다. 큰 테이블 하나 주문제작 받는 것이 더 큰 이익입니다. 오직 우드라이크만이 할 수 있는 것입니다. 그 수업을 전문으로 해 본 강사가 아니면 준비 할 수 없는 세세함이 있습니다. 그들이 직접 눈으로 확인했을 것입니다.
우드라이크 만의 배려깊은 완벽목공키트를 말입니다!

김은석 코치의 세상 쉬운 목공diy이야기

제주와 섬에 더 잘 나가는 목공키트

우드라이크 diy목공키트는 제주와 섬에 더 많이 나가고 환영받습니다. 섬의 특성상 체험 자재를 자유롭게 구입할 수 없습니다. 택배비에서도 자유롭지 못합니다. 나는 그 점을 충분히 인지합니다. 그리고 준비합니다. 교사용지도서는 더 꼼꼼하고 자세하게 여러 가지 상황에 대해 기록되어 있습니다.

때에 따라 인터넷동영상을 오픈하기도 합니다.
실수 할 수 있는 부분. 자주 발생하는 문제점도 상세히 볼 수 있습니다. 아이들에게 오픈되어지는 정보와 선생님께서 기본적으로 알아야 될 목공지식에 대한 것들이 잘 세팅되어 있습니다.

외지로 발령을 받고 목공수업까지 하려면 얼마나 답답하고 준비할 것이 많겠습니까? 그래서 우드라이크는 선생님 소개가 많습니다. 불안하지 않습니다. 추가로 생각할 것이 없습니다.

나는 질문이 명확합니다.

"선생님, 언제 수업이세요?"
"학생들이 몇 명인가요?"
"수업에 할당된 시간과 횟수는 어떻게 되나요?"
"학생 개인체험인가요? 부모와 함께 하는 체험인가요?"
"여기에 책정된 예산은 얼마인가요?"

나는 이것에 맞춰 맞춤 제안서를 선생님께 보냅니다.
"해당 예산으로 그 인원 수가 2시간 안에 할 수 있는 1회성 체험으로는 이러한 것이 있다." "시간을 더 늘려야 될 상황이면 이러이러한 것으로 조정해서 수업하면 된다"라고 알려줍니다.

실수로 체험제품을 누락하거나 파손될 여지가 많은 자재나 잊어버릴 수 있는 것들은 섬으로 이동시간과 2배의 택배비를 고려해서 더 여유있게 보냅니다. 우드라이크 목공체험제품이 제주와 섬에 더 잘 나가는 이유입니다.

김은석 코치의 세상 쉬운 목공diy이야기

초보목공강사를 위한 강의진행 노하우

목공체험은 공구를 사용하는 체험입니다.
도구를 사용하는 것은 여러가지 안전사고와 관련이 있습니다.

 어린이체험의 경우 :

[1] 수업 전 안전교육을 반드시 합니다.
[2] 도구나 체험세팅은 최소한으로 합니다.
(아이들은 호기심이 많아서 자리에 앉는 순간부터 만지작 거립니다.)

[3] 수업 중간, 또는 다음 단계로 넘어갈 때 사용한 공구는 반납할 수 있도록 지도합니다. (즉, 반납하면 다음 도구를 주는 방식을 택합니다.)

이것은 보조강사의 역할 중에 일부이기도 합니다. 후에 보조강사가 해야 할 일들에 대해 더 자세히 알려드리겠습니다.

반면, 성인체험의 경우입니다.

[1] 안전교육은 간단히 하도록 합니다.
(잔소리로 들리지 않게 임팩트 있는 문장으로 짧게 하는 것이 효과적입니다.)
[2] 도구나 체험세팅은 미리 해도 좋습니다.
(아이들 체험과 달리 공용으로 사용하는 것 보다는 1인 1부자재를 세팅하여 개인이 관리 할 수 있도록 합니다.)
[3] 공구반납 등은 유연성을 가지고 하도록 합니다.
(품격을 지킬 수 있는 말들을 사용하여 사용한 도구를 잘 반납하고, 정리를 하고 돌아갈 수 있도록 긍정적인 내용으로 강의를 진행합니다. 체험 만족도 조사가 있다면 자연스럽게 언급해도 좋습니다.)

김은석 코치의 세상 쉬운 목공diy이야기
나는 매일, 체험자는 일생에 한 번

당신은 매일 어떤 일을 하고 있습니까?

나는 내가 하는 일이 반복된다고 느낄 때 떠올립니다.

"나는 매일이지만 누군가에겐 일생에 한 번이다! 그렇다면 난 어떤 마인드로 이 일을 해야할까?"

나는 목공출강을 할 때 체험의 완성도만을 중시하지 않습니다. 내게 목공자격증을 배우러 오는 강사님께도 마찬가지입니다. 어떤 환경의 어떤 이가 체험을 하러 오는 지, 기관의 특성은 무엇인지,

지역적 특성은 어떻게 되는 지 함께 보라고 말합니다.

체험강사는 수업 전 라포형성을 잘 해야 합니다!

체험자로부터 신뢰를 얻고 공감대를 얻게 해야 합니다. 강사에게 마음을 오픈하고 즐거운 체험을 받아들이도록 하는 것입니다. 체험자의 특성을 고려한 짧은 유머나 그들만의 용어 한마디면 충분합니다. 체험 만족도도 높을 수 밖에 없을 것입니다.

나는 매일 하는 일이지만 체험자는 평생 1~2번 경험할 수 있습니다. 나의 목공체험이 목공의 전반적인 인식을 재고하는 데 영향이 있다는 얘기입니다. 그만큼 목공을 접하는 게 쉽지 않습니다.

꽃꽂이, 도자기, 캔들 등등 핸드메이드 클래스들이 모두 그러합니다. 지원사업이 아니고 내 돈으로 시간을 내어 체험을 한다는 것이 쉽지 않습니다. 돈 보다 마음의 여유가 있어야 가능하기 때문입니다.

그러므로 나는 단순히 목공강의를 하는 것이 아니라 한 사람에게 목공의 유익을 알리는 전도사라는 마음으로 신념을 갖고 수업에 임합니다. MDF의 포름알데히드 가득한 곳에서의 삶이 아닌 내가 만든 원목가구와 소품으로 친환경적인 삶을 살기를 바랍니다.

나무와 함께 하는 삶은 아름답습니다.
나무와 함께 하는 삶은 정직합니다.
나무와 함께 하는 삶은 가치 있는 삶입니다.

당신도 단순히 체험강사에 머무르지 마십시오.
당신이 알고 있는 지식과 유익을 나무를 통해 나누기를 바랍니다. 어렵다면 우드라이크에서 도와주겠습니다.

김은석 코치의 세상 쉬운 목공diy이야기
쌤, 초짜죠?

목공보조강사를 시작한 지 얼마 되지 않았을 때의 일입니다. 초등학교 수업이었는데 생활환경이 어려운 아이들을 대상으로 하는 동아리 체험수업 이었습니다.

수업은 학교 건물 뒤편 등나무 벤치가 있는 곳에서 진행되었습니다. 열 다섯 남짓의 5~6학년 학생들은 선생님이 세 명이나 있는데도 천방지축이었습니다.

등나무 벤치와 테이블을 신발을 신고 뛰어 다녔으며 바로 앞 창문을 쿵쾅쿵쾅 두드리며 친구와 인사했습니다.

주강사님이 "이제 시간 되었으니 자리에 앉아서 수업할까?" 라고 얘기해도 "됐거든요?" 라고 대답했습니다.
유치원을 다니는 아이가 있는 당시의 나는 초등 고학년을 하나도 이해하지 못했습니다.

수업이 진행되자 한 남학생이 만들어야 하는 의자는 만들지 않고 테이블에 드릴로 나사못을 박고 있는 것을 보았습니다. 나는 말했습니다.

"어머, 왜 그러는 거야? 의자 조립해야지."
그럼 아이들은 "재밌어서요."라며 행동을 멈추지 않았습니다. 지금 같으면 단호히 제지 했을텐데 그렇지 못했습니다. 고작 " 그래도 그건 아닌 것 같아 " 라고 말했을 뿐입니다.

아이는 "상관마세요 " 라고 웃으며 계속 못을 박았습니다.
나는 내 아이에게 하던 습관대로 " 하~지 않아요." 라고 했습니다. 남학생이 완전 황당한 표정으로 나를 올려보며 말했습니다.

"쌤, 초짜죠?"

순간 너무 당황해서 안 해야 될 말이 툭 나왔습니다.
"아니거든~ "
정말이지 이 다음부턴 수습이 되질 않았습니다. 수업 끝나는 시간까지 완전 KO 당하고 링에서 내려왔습니다.

중학교 수업을 가면 또 얼마나 당황스러운 지 아십니까?
아이들이 망치 들고 교실을 뱅뱅돌며 잡기놀이를 합니다.
그날 만든 체험제품으로 쌓기 놀이를 천정까지 해서 여학생 체험제품을 부러뜨리기도 합니다. 십년이 늙습니다. 공구를 사용하기에 안전사고에도 민감할 수 밖에 없습니다.

나는 이 이야기를 초보강사님이 지쳐할 때쯤이면 해줍니다. 선생님은 교사로서의 품위를 잃지 말라고. 나를 교훈 삼아 당당하게 수업 잘 하시라고 말입니다.

누구나 초보시절 없이 경력을 쌓을 수는 없습니다.
나는 보조강사 시절 체계적으로 배우지 못했습니다. 이러한 경험들을 모아 나는 보조강사가 꼭 해야 할 일 5가지와 체험 진행 시 주의점을 정리했습니다. 보조강사가 주강사를 써포트해야 할 일에 대해서도 정리하여 강사코스에 넣어 지도합니다.

김은석 코치의 세상 쉬운 목공diy이야기
나무가 아이를 변화할 수 있습니다

경기도의 한 중학교로 6주간 수업을 나갔을 때의 일입니다.

담당 선생님은 섬세했으며 수업 받게 될 아이들의 특징을 조목 조목 알려주었습니다. 최근 한부모 자녀가 된 학생, 학급에서 은근히 따돌림을 당하는 학생, 자기 생각이 큰 학생 등 사전 정보를 꼼꼼히 알려주었습니다.

그렇게 까지 자세하게 학생들에 대한 정보를 준 이유는 간단 했습니다. 이 전 강사님이 아이의 특수한 환경을 알고서도 깜빡하고 "엄미 갖디드려‥."리고 했던 말에 이이기 힘들이했디고 했습니다.

아이는 학교에서 말이 없는 편이었고 어울리는 친구가 없었습니다. 학업도 중간 정도 였습니다. 무엇보다 처음 내 수업에 참여했을 때 무기력해보였습니다. 나는 수업 전 내 소개를 하고 앞으로 어떻게 수업을 할 것인지 설명했습니다.

그 이야기는 세줄로 요약할 수 있습니다.

[1] 여기엔 1등이 없다, 각자가 존중받는 공간이다
[2] 빠른 것이 전부가 아니다
[3] 정답은 없다, 각자의 생각이 각자의 해답이다

인생과 마찬가지 아닙니까? 그래서 나는 아이들에게 나무를 통해 인생을 그려줍니다. 너라는 존재 자체로 빛난다고 말해줍니다. 그 아이는 커서도 자신의 존재가치를 빛내며 살 것입니다.

<u>첫째, 목공수업은 "1등이 없다" 고 나는 말했습니다.</u>

나무를 보여주고 설명하였습니다. 집성원목은 똑같은 나무가 없습니다. 부엉이 눈 같이 생긴 옹이가 많은 나무도 있고 색깔이 조금 진한 것, 연한 것 등등 가지각색임을 보고 만져보게 하였습니다.

아이들에게 '너희 얼굴이 다 제각각인 것처럼 나무도 다 제각각이다' 라고 알려주었습니다. 그러니 더 예쁜 나무로 바꿔주세요. 옹이 없는 것으로 주세요. 라는 말은 하지 않는 다고 말입니다.

둘째, " 빨리 만드는 것이 잘하는 것이 아니란다"고 말했습니다.

체험을 하다보면 교사의 설명은 듣지 않고 혼자서 후다다닥 만드는 체험자가 있습니다. 완성 후에 서랍이 안 들어가거나, 철물 조립을 다시 해야 되는 경우가 발생됩니다.

다시 분해를 하게 되면 시간도 두 배로 걸리고 목재 여기저기에 재조립 흔적이 남습니다. 창의적인 생각은 좋습니다.
하지만 옆 사람이 빨리 만든다고 신경 쓰지 마십시오. 나의 속도대로 나의 완성도 대로 만들어가면 됩니다.

셋째, " 정답은 없다 "입니다.

DIY는 " Do It Youself " 의 약자로 네가 필요한 것을 네가 직접 만드는 것을 말합니다. 목공의 기본적인 것을 배우고 난 후에는 자신의 생각대로 만들면 됩니다.

어떤 방법이 맞고, 어떤 방법이 틀리지 않습니다. 페인트를 하고 조립을 하느냐, 조립을 먼저 하고 페인트를 하느냐도 마찬가지입니다.

첫 수업 때 한 마디도 들을 수 없던 학생에게 나는 억지로 말을 많이 시키지 않았습니다. 오히려 무심한 듯 지나가다 툭 하고 "오, 이 부분은 정말 잘하네." 라고 말해 주었습니다.

다음 시간에는 한 마디를 더 늘려갔습니다. 수업 중에 내게 한 마디도 하지 않던 아이는 학교 동아리 담당선생님께 목공수업을 기다린다고 말했습니다.
"다음 주 운동회 날에도 오후에 목공선생님 수업 하는 거 맞죠? 건너 뛰는 거 아니죠? " 라고 몇 번이나 물어봤다고 하였습니다.

세 번째 만났을 때 아이는 내게 미소를 지어 주었고 그 다음 시간에는 작은 목소리로 내게 질문을 하였습니다.

"선생님, 이거 다음에는 이렇게 하면 되죠?"
아이의 변화에 가슴이 점점 벅차올랐지만 호들갑떨지 않고 대답했습니다.
"응, 맞아. 그렇게 하면 돼."

마지막 시간에는 "지금 이 순간" 노래를 들려주었습니다.

"너희의 지금은 다시는 오지 않을 거야. 언제나 밝고 씩씩하고 당당하게 살아가길 바래. 우리가 다시 볼 수 있을지 모르지만 선생님은 반짝반짝 빛나는 너희의 삶을 마음 속으로 응원할게. 보이지 않아도 누군가 너를 지지하고 있다는 사실은 잊지 마!"

나는 나만 이별을 준비 한 줄 알았습니다. 그런데 아이들이 손수 써 준 편지를 내밀었을 때 그만 울컥 하고 말았습니다. 나무와 함께 하는 일이 너무도 소중한 가치를 얻게 되는 순간이었습니다. 나는 나무와 함께 하는 일을 소중히 여기고 사랑합니다.

나무가 아이를 변화할 수 있습니다.

김은석 코치의 스칸디아모스틀 이야기
스칸디아모스 우드프레임 본사입니다

당신은 스칸디아모스를 알고 있습니까?

몇 년 전 스칸디아모스 천연이끼를 알게 되었습니다.

스칸디아모스는 북유럽의 순록이 먹는 이끼라 해서 순록이끼라고 불리기도 합니다. 물을 주지 않아도 되어 별도의 관리가 필요없는 이끼로 반려식물이라 불리기도 합니다.

갈수록 심각해지고 있는 미세먼지와 대기오염으로 스칸디아모스를 활용한 그린테리어가 확산되고 있습니다. 바쁜 현대인들에게 맞춤 식물이기도 하지요.

나는 처음 스칸디아모스 이끼를 접했을 때 신기했습니다.

부드러운 촉감과 다양한 색깔의 이끼들이 예뻤습니다. 실내환경에 따라 습기가 많으면 촉촉해고 건조하면 딱딱해졌습니다.

초창기 스칸디아모스 틀은 선인장 모양의 나무틀에 넣어서 만든 것이었습니다. 사람들도 신기해 했고 나무로 모스틀을 만들어 내는 것에 대단하다고 했습니다.

첫 거래처 공장으로부터 모스틀을 납품받아서 조금씩 판매를 하면서 다양한 디자인의 나무틀을 만나 볼 수 있었습니다. 아티스트들의 다양한 작품들을 접할 수 있는 것도 기쁨이었지요.

이 후 자체 공장과 전국 총판 유통을 통해 다양한 모스틀을 디자인하여 판매 하였습니다. 생각나는 디자인은 노트에 스케치하고 공장에 의뢰해 모스틀 샘플로 바로 만들어냈습니다.

여러 번의 디자인 수정 과정을 거쳐 신제품을 출시합니다. 그리고 제품 반응이 좋다고 거래처로부터 피드백을 받으면 보람을 느낍니다. 강사님들도 학생들과 행복하게 수업했다고 하면 저도 덩달아 행복합니다.

그런데 말이 쉽지, 이 과정에서 정말 많은 것을 배웠습니다.

이 사업을 위해 새로운 공장과 총판거래처, 각 단계별 가격결정. 생산에서 소비자까지 어느 것 하나 쉬운 것이 없었습니다. 그 흐름 속에 우리 모두의 이득이 되는 과정들을 배웠습니다.

스칸디아모스틀은 누구나 제작할 수 있습니다.
하지만 우드라이크 스칸디아모스틀 서울 본사가 개인공방의 주문제작 모스틀과 다른 점이 있습니다.

첫째, 자체 공장으로 샘플제작과 디자인 보완이 빠릅니다
둘째, 인증된 고무나무를 사용합니다
셋째, 국내 최초 디자인별로 KC어린이인증을 받았습니다
넷째, 안정적인 전국 총판 유통망을 갖추고 있습니다
다섯째, 본사의 이득이 우리의 이득이 되는 일을 합니다

스칸디아모스 우드프레임 본사 거래처와 강사님들은 인증된 모스틀로 교육과 판매를 합니다. 본사에서는 제품에 대한 책임을 지고 프리미엄 가치를 추구합니다.
우리는 친환경 삶과 여유를 함께 누립니다.

김은석 코치의 스칸디아모스틀 이야기

스칸디아모스틀 본사가 취하는 이득

손재주가 있고 만들기를 곧잘 하는 여성들은 시간이 허락되면 민간자격증을 취득합니다. 진입장벽이 낮기 때문에 민간자격증 취득은 어렵지 않습니다.

이왕 배우는 거 언제 써먹을지 모르기 때문에 자격증 발급비만 조금 더 내고 취득하는 것입니다. 보통은 협회나 본사에서 발급하는 시스템입니다. 큰 협회 같은 곳은 자격 취득 후 취업 연계나 강사의뢰가 오면 소개를 해주기도 합니다.

하지만 종종 사단법인이나 본사로 들어오는 커다란 행사나 대량납품 건이 생길 경우 조직와 공유하지 않는 경우를 봅니다. 본사에서 자체 인력으로 처리를 해버립니다. 그들이 할 수 있기 때문입니다. 그리고는 공식 홈페이지 게시판에 바쁘다면서 협회와 본사가 더 성장하고 있다고 말합니다. 협회에서 자격증을 취득한 강사와 공방들은 전혀 공감되지 않는 이야기입니다.

공장도 마찬가지입니다. 유통의 과정 속에서 생기는 단계별 마진이나 영업사원이 할 일을 하고 수수료로 월급을 받아가는 것을 이해하거나 계산하지 못합니다. 공장에서 직접 판매를 하면 그 돈이 전부 자신의 이득이 될 것 같은 생각을 합니다. 그 때부터 배가 산으로 가는 것입니다.

내가 직접 목공키트를 만들면서 여러 공예 협회와 자잘한 부자재 납품업체를 만나고 납품받으면서 경험했습니다. 협회에서 빠져나온 강사들이 또 다른 협회를 만들어 쪽지나 문자를 보냅니다. 공장에서는 더 좋은 단가로 납품이 가능하다고 메일이 옵니다.

우드라이크 스칸디아모스를 서울 본사를 운영하면서 할 일과 하지 않아야 될 일을 가장 중요시 구분했습니다.
본사에서는 새로운 모스틀 디자인의 제작, KC인증, 총판프로모션, 마케팅 및 홍보 판매지원을 주력으로 합니다.

본사 유통관리부에서는 전국의 총판대리점의 주문 및 발주를 지원합니다. 새로운 디자인의 샘플제작을 하며 현장의 다양한 이야기를 듣습니다.

본사 교육부에서는 QA 상품품질관리 및 재고관리 수업준비재료 준비 등을 지원합니다.

스칸디아모스틀 본사의 이익구조는 역피라미드 구조로 되어 있습니다. 골목에 있는 꽃집과 강사선생님들의 이익이 가장 큽니다. 다음이 총판 거래처 이고 본사는 가장 적은 이익을 가져갑니다. 나의 이익이 클수록 우리의 이익은 더 커지는 구조를 갖고 있습니다. 스카디아모스틀 우드프레임을 함께 하는 플레이어가 많기를 바랍니다. 그것이 더 많고 더 꾸준히 함께 갈 수 있다고 믿습니다.

김은석 코치의 스칸디아모스틀 이야기
새로운 디자인의 모스틀이 출시되는 과정

새로운 스칸디아모스틀을 디자인 하는 과정은 심플하면서도 복잡합니다. 목공교육와 목공키트 납품은 교육사업이라면 스칸디아모스 우드프레임은 유통사업입니다. 유통은 시즌을 앞서가는 분야입니다.

가장 큰 행사인 5월 가정의 달, 크리스마스 시즌, 졸업입학 등은 미리 준비를 합니다. 가정의 달의 경우 카네이션 모스틀을 해년마다 달리 디자인 합니다. 수업이나 판매의 경우 대중들은 새롭고 가격이 좋은 것을 찾기 마련입니다.

대부분의 디자인은 고객으로부터 나옵니다. 필요로 하는 것은 시장성이 있다는 것이고 판매가 되는 것이 좋은 상품이 되기 때문입니다. 핸드드로잉으로 시작되는 스케치는 초기 디자인을 잡고 나무의 종류와 두께를 결정합니다. 나무결방향에 따라 재단 시 파손의 위험이 없는 지 고려합니다. CNC가공을 할 때 잘 깨질 확률이 높은 디자인은 중간에 수정에 수정을 거듭합니다.

샘플을 뽑아보면 스케치 한 것과 컴퓨터 도안을 볼 때와는 다른 문제점들이 나옵니다. 2차, 3차 마음에 들 때까지 수정을 거쳐 클라이언트의 컨펌을 받고 디자인을 확정합니다. 여기까지만 진행해도 많은 시간과 노력 투자금이 들어갑니다.

다음은 가격입니다.
아무리 좋은 디자인이라 할지라도 가격이 합리적이지 못하면 전국의 총판으로 유통되기 어렵습니다. 같은 사이즈의 나무소요량일지라도 가공 시간이나 난이도에 따라 가격은 달라질 수 있습니다. 본사에서는 그러한 것들을 고려하여 디자인이나 미세한 사이즈를 조절하여 최소한의 가격을 책정합니다.

마지막은 인증과정입니다.
스칸디아모스틀 본사에서 사용하는 모든 나무는 인증받은 것만 사용하고 있습니다. 거기에 더해 기관의 수업용이나 판매용으로도 적합하도록 각 디자인별로 KC어린이인증을 받고 있습니다.

인증 기관에 따라 모스틀을 각각 인증 받지 않아도 된다는 의견이 있었습니다. 같은 나무를 가공의 형태만 달리하기 때문입니다. 하지만 본사에서는 무조건 디자인 별로 인증을 받고 있습니다.

스칸디아모스 우드프레임 본사의 모든 직원은 유통사업을 하는 사업가 이전에 교육자입니다, 모스틀을 접하는 모든 이들이 안전하고 인증된 친환경 제품을 경험하기를 바라는 마음입니다.
우리는 그것에 가치를 두고 있습니다.

김은석 코치의 스칸디아모스틀 이야기

스칸디아모스 아티스트로 창업하라

당신은 캔들을 좋아하나요?

나는 글을 쓸 때 꼭 캔들을 켜야 집중이 되는 편이라 좋아합니다. 캔들은 일부 마니아들이 양키캔들을 외국사이트로부터 직구하면서 알려졌습니다. 이 후 배우 전지현씨가 결혼답례로 소이캔들을 선물하면서 캔들시장이 폭팔적으로 늘어났지요.

만드는 방법은 간단합니다.

소이왁스 가루를 구입해서 종이컵이나 스텐레스에 녹여 원하는 향을 넣습니다. 유리집에 부이시 굳으면 패징해시 판매하면 됩니다. 이렇게 간단하게 제작을 할 수 있는 장점으로 많은 사람들이 블로그마켓이나 캔들샵 창업을 하게 되었습니다. 물론 제작과정에서 비율이나 아로마향에 대한 전문 지식 등이 필요할 수 있습니다.

누군가는 그 과정을 전문가에게 배우고 배우기를 반복하고 있습니다. 하지만 어떤 사람은 방산시장의 재료상에서 이것저것 물어본 다음에 재료를 구입해와서 인터넷 보고 금방 만듭니다.

다음날 사업자 등록증을 내고 KC인증을 신청하고 유행하는 향을 넣은 캔들을 만들어냅니다. 그리고 한 달 이내 이 제품은 블로그와 카카오스토리에서 판매합니다. 누군가는 위의 과정대로 빠르게 판매 하는 하는 이가 있고 누군가는 그렇게는 절대로 판매하지 못하는 과정일 수 도 있습니다.

당신은 어떠합니까?

나는 절대로 못하는 사람이었습니다. 나는 항상 내 지식의 깊이가 얕다고 생각했습니다. 더 많은 것을 알고 있는 사람도 이런 강의와 이런 책을 내지 않았는데 내가 뭐라고... 라는 생각으로 가득 찼습니다. 나는 그런 생각으로 마흔이 넘도록 겸손이 미덕인 줄 알았습니다. 조금만 더 배우고, 조금만 더 경험하고 라는 생각으로 말입니다.

나는 당신이 손재주가 있다면 나처럼 머뭇거리지 말고 스칸디아모스아티스트에 도전하라고 말합니다. 본사에서는 스칸디아모스 체험전문강사 자격증 과정이 준비되어 있습니다.

스칸디아모스는 앞으로도 지속되는 대기오염에 있어 각광받는 소재입니다 . 나무는 물론 다른 제품들과 융합할 수 있는 요소들이 많습니다. 스칸디아모스를 서울 본사에서도 지속적인 제품개발로 도울 것입니다. 그 과정에서 끝나지 않습니다. 1인공방과 1인강사를 졸업하고 1인기업을 창업하게 되면 더 이상 배움과 경험을 지속하지 않아도 됩니다.

당신도 나처럼 일하고 싶을 때 일하고 럭셔리한 취미생활을 누릴 수 있습니다. 매일 아침 나의 가치를 발견하며 풍요롭고 여유있는 삶을 지속할 수 있습니다.

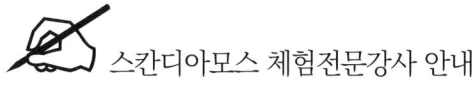 스칸디아모스 체험전문강사 안내

1	스칸디아모스 특징,관리 기본교육
2	모스 토리어리 제작방법 외 꾸미기 기법
3	스트링아트와 LED전구를 활용한 모스아트
4	원목제품 접목을 위한 목공상식 및 페인트 기초
5	완제품 판매를 위한 제작스킬 작품
6	모스아트 선물 및 축하 상품 제작방법
7	디자인액자 작품 제작
민간자격등록번호	2019-002475
KC어린이인증 :	CB065A0051-9001
www.diylike.co.kr	

김은석 코치의 스칸디아모스틀 이야기
스칸디아모스 체험키트 출시

　　스칸디아모스와 우드프레임을 활용한 체험키트는 실내 수업용은 물론이고 야외체험행사 시에도 주목받는 체험품목입니다. 모스아티스트가 되면 단계에 따라 어려운 과정들을 습득해야 합니다.

　　하지만 스칸디아모스 체험강사는 누구나 방법만 알면 진행가능합니다. 그렇기 때문에 강사님이 직접 행사를 진행하셔도 되고 기관에 교사용지도서와 재료를 납품하셔도 좋습니다.

　　야외 체험으로서 모스아트를 추천하는 이유는 다음과 같습니다.

첫째, 남녀노소 누구나 쉽게 만들 수 있다
둘째, 위험한 체험 도구들이 없어서 편하다
셋째, 손재주와 상관없이 누구나 결과물이 좋다

스칸디아모스틀 서울 본사에서는 우드프레임과 함께 여유있는 스칸디아모스, 사포, 목공본드, 나무스틱, 라벨스티커, 꾸미기용 무당벌레 등 모든 부자재를 총판을 통해 구입할 수 있습니다.

제품을 다 만들고 나서 담아갈 수 있는 투명케이스도 있어서 체험자의 만족도가 높습니다. 스칸디아모스는 천연이끼를 여러 가지 미네랄 색소를 이용해 염색한 것입니다. 따라서 우드프레임에 접착시킬 때 나무에 색이 묻어날 수 있습니다. 자연스러운 현상입니다.

스칸디아모스체험키트는 각 재료별로 전국 8개 업체 총판에서 구입하셔도 되고 큰 프로젝트 진행 시에는 www.diylike.co.kr 에서 본사의 지원을 받을 수도 있습니다. KC어린이인증을 받은 제품으로 많은 기관과 야외체험행사에서 친환경적인 두 소재를 활용하셨으면 좋겠습니다.

김은석 코치의 스칸디아모스틀 이야기
내 마음 치유체험

학부모동아리에서 스칸디아모스 디자인액자를 체험할 때의 일입니다. 나는 주부들이 대부분인 체험자들이 편안하고 즐거운 마음이 들도록 익숙한 피아노선율을 틀어놓았습니다.

스칸디아 모스 이끼가 주는 유익과 특성을 설명합니다. 그 때는 설 연휴가 끝난 직후라 심적으로 힘들겠거니 싶어서 이끼를 손질할 때 제 이야기를 들려주었습니다.

"설 연휴 잘 보내셨어요? 아직도 힘들지요?"

스칸디아모스 천연이끼에 쏙쏙 박혀있는 나뭇가지들을 뽑아내면서 내 마음의 가시도 뽑아내라고 이야기 합니다. 박힌 가시는 상처를 내고 도려내야 합니다.

도려낸 상처는 시간이 지나면 아물기 마련입니다. 하지만 박힌 가시를 모른 척 내버려두면 시간이 지난다고 아물지 않습니다. 더 썩고 곪아서 피가 날 것입니다. 내가 상처 입은 것을 모른 척 하지 마십시오. 더 꾹꾹 쑤셔 박거나 후비지 마십시오.

상처를 드러내면 그 상처로부터 자유로울 수 있습니다.
나의 열등감과 과거의 아픔도 스스로 치유할 수 있습니다.
만약 당신이 어떤 상처에 대해 10년이 넘도록 도려내지 못하고 가지고 있다면 그 때부터는 상대방의 문제가 아니라 당신의 문제가 될 수 있습니다.

나는 스칸디아모스 체험 때에도 목공체험 때에도 주부만 참여하는 체험에는 치유의 시간을 가지려고 합니다. 나무가 주는 이로움. 편안함. 건강함. 자연이 주는 행복을 함께 나누고 싶습니다.

김은석 코치의 스칸디아모스틀 이야기
나는 무엇을 파는가?

　나무와 함께 하는 모든 제품은 저렴하지 않습니다. 원목이라는 소재 자체가 프리미엄 가치가 있습니다. 거기에 2차 가공이 필요합니다. 인건비도 만만치 않습니다. 자체 공장을 유지해도 답이 안 나오는 가격이 많습니다.

　왜냐하면 나는 고객에게 이 가격을 설득하기 전에 싸구려 수입 제품과 경쟁해야 하기 때문입니다. 제조업으로 큰 수익을 발생하는 것이 얼마나 힘든지 새삼 느끼고 있습니다. 저렴한 수입산과 값싼 MDF와 경쟁해서는 살아남을 수 없습니다.

나는 친환경적인 삶을 위한 제품을 만듭니다. 그래서 그들과 경쟁하는 제품을 만들지 않습니다. 물론 좀 반응이 좋다 싶으면 같은 제품이 순식간이 복제되어 나올 것입니다. 국내, 국외 가릴 것이 없습니다. 그들은 항상 같은 제안을 합니다.

[1] 내가 더 싸게 줄 수 있다.
[2] 많이 하면 더 많은 할인을 해주겠다.
[3] 다른 곳은 이 가격에 해 준다는 데 너는 안되냐?

첫 거래니까, 지난 번에 거래 했던 곳이니까, 앞으로 많이 주문할 거니까, 등등 저렴하게 해달라는 이유는 많습니다. 홍보한다 생각하고, 거래처 하나 만든다 생각하고 하는 일은 끝까지 몸만 고달프고 수입이 나아지지 않습니다.

같은 말을 앵무새처럼 반복하고 같은 일을 반복합니다. 차 떼고 포 떼고, 앞으로 남고 뒤로는 마이너스 생활을 반복합니다. 그래도 멈출 수 없습니다. 그 마저도 주문이 안들어오고 뺏길까봐 불안하기 때문입니다.

나는 이제 그러한 1인 공방을 폐업하고 1인 기업을 브랜딩했습니다. 브랜딩을 통해 이제 나는 경쟁없고 독보적인 수입을 창출하고 있습니다. 그리고 지금은 2프로의 가치를 팝니다.

내가 좋아하는 프리미엄. 품격, 존중이라는 가치를 제품에 담습니다. 고객의 마음을 사로잡기 위한 준비를 바탕으로 그들이 할 수 없는 2프로의 마음에 온 신경을 집중합니다.

나는 신뢰를 가장 비싸게 구입하며 신뢰를 가장 비싸게 판매합니다. 행복을 담은 제품만을 내보냅니다. 기쁨을 주는 체험을 함께 나눕니다. 서두르지 않습니다. 눈 앞에 이익에 급급하지 않습니다. 함께 멀리 봅니다. 함께 높은 곳에서 생각합니다. 불안하게 일하지 않습니다. 잘할 때와 못할 때, 잘 나갈 때와 못나갈 때의 기복이 심하지 않습니다. 여유를 누립니다. 나무도 보지만 숲을 봅니다.

목공지원센터의 목공체품과 스칸디아모스틀을 만나고 제품을 경험할 때 고객은 우리의 품격과 프리미엄도 같이 누립니다. 내가 만나는 사람과 내 환경이 내 가치를 말해줍니다.

당신은 무엇을 팔고 있습니까?
당신이 가는 길이 현명한 길인지, 나와 함께 1인기업을 브랜딩해서 성공의 지름길로 갈 것인지는 당신의 몫입니다.

김은석 코치의 불안한 1인공방
내 몸을 써야 돈이 되는 1인 공방

나는 1인 목공방을 운영하면서 해가 다르게 체력이 힘들다는 것을 느끼고 있었습니다. 출강할 때 차 트렁크는 물론이고 뒷자석과 보조석까지 꽉꽉 제품들을 채우고 출강을 나갑니다. 보조강사님들이 나를 도와 수업을 하면 너무도 보람을 느끼고 재미있습니다.

그런데 불안했습니다.
불안한 이유는 한 가지가 아니었습니다.

첫째, 내게 보람과 행복을 주는 이 일을 내 몸은 언제까지 따라줄 수 있을까?

둘째, 이 곳이 다음 달, 내년에도 수업의뢰를 계속 해 올까?

셋째, 더 값싼 체험을 찾거나 저렴하게 해달라고 하면 어쩌지?

내가 1인공방을 하면서 불안했던 것은 기관에서 저렴한 체험제품을 찾는 것이었고 다른 공방의 가격과 비교하는 것이었습니다. 나는 체험컨텐츠와 목공키트의 완벽풀구성으로 차별화하면서 불안감을 없앴습니다.

그러나 두 번째 문제는 수업의뢰가 지속적이지 않다는 것입니다. 계약직 강사는 특정 기간 동안은 수입이 보장될 것입니다. 1인공방은 계약직강사도 아니고 프리랜서도 아닙니다.

참 애매합니다. 일이 많을 때는 혼자 하기 벅차지만 둘이 하기에는 내가 직원보다 가져가는 돈이 작습니다. 차라리 하지 않고 나 혼자 수업을 하는 것이더 실속있을 때도 있습니다.

가장 큰 불안함은 나의 체력이었습니다.

해가 갈수록 내 체력은 정직했습니다. 언제까지 내 노동을 수입과 바꿀 수 없다고 판단했습니다. 그 때부터 나는 내 몸이 움직이지 않아도 내가 가진 1인공방 지식으로 돈이 들어오는 시스템에 대해 심각하게 고민했습니다.

늦어도 50대가 되기 전에는 내 몸이 아닌 내 지식을 파는 교육을 해야겠다! 그렇다면 어떤 것부터 시작해야 될까? 고민했습니다. 결론은 나의 지식과 지혜가 담긴 한 권의 책이었습니다. 이 책이 나의 첫 제품이 되었습니다.

김은석 코치의 불안한 1인공방

1인 공방을 시작했나요?

당신이 손재주가 있다면 무엇이든 배우는 것이 즐거울 것입니다. 완성된 작품을 보면 성취감도 있을 것이고 사람들은 예쁘다고 말해줍니다. 블로그나 인스타에 사진을 한 장 올렸더니 구입이 가능한지 물어옵니다.

자, 이 때부터 시작됩니다.

지인의 선물, 답례로 할 때는 별 문제가 되지 않습니다.
하지만 이 아이템을 누군가 가져갈 것 같아 내가 직접 합법적인 사업체를 갖추고 판매를 하고 싶어집니다. 사업자등록증을 내고 인증 받는 법을 검색하고 패키징과 브랜드도 생각해야 합니다. 브랜드를 검색하면 타켓팅, 컨셉력, sns마케팅, 슬로건 등 엄청난 키워드들이 쏟아져 나옵니다.

배움은 끝이 없고 돈 들어가는 일은 천정을 뚫습니다.

그 사이 대형업체에서는 내 제품과 비슷한 상품이 활발히 판매되고 있습니다. 설마 그 큰 회사에서 sns에 올린 나의 3~4개의 사진을 보고 그걸 만들었겠나 싶지만 괜히 힘이 빠집니다. 내 아이, 내 가족에게 괜히 미안한 마음이 듭니다.
나만의 손재주와 아이템이 있다면 축복받은 일입니다.

1인 공방을 시작했나요?
공방을 하고 싶은 꿈이 있나요?
내 작업실을 갖고 싶나요?

나도 꿈꾸듯 내 공방을 마련 했습니다. 많은 시간과 티 안나는 돈 들이 들어갔습니다. 아직은 초창기 이니까, 어차피 점심은 먹을 거니까, 어차피 저건 얼마 안 하니까 라는 마음으로 주변의 많은 것들이 희생되었습니다. 많은 시간을 돌아 왔습니다.
나는 허울좋은 1인공방과 앞으로만 남는 1인강사를 때려치웠습니다. 그리고 1인기업을 브랜딩 했습니다. 그리고 나는 지금 내가 원하는 행복과 여유를 누리고 있습니다.

나는 처음 공방을 시작할 때 주변의 가장 저렴한 월세부터 찾았습니다. 최소한의 비용으로 셀프 인테리어 할 생각에 검색은 끝이 없었습니다. 그것은 고생길 빙산의 일각입니다.

당신도 경쟁하지 않고 당신만의 가치를 팔며 자유롭고 싶습니까? 그렇다면 1인기업 브랜딩이 그것을 해결해 줄 수 있을 것입니다. www.diylike.co.kr 에 1인 브랜딩을 하고 싶다고 도움을 요청하십시오. 도와주겠습니다. 두드려야 열립니다. 요청해야 답을 얻을 수 있을 것입니다.

김은석 코치의 불안한 1인공방

언제까지 남의 옷 가져다 팔 겁니까?

    당신도 어떤 누구, 어떤 제품으로부터 꽤 괜찮은 아이템들을 볼 것입니다. 아이템 하나를 그대로 가져와 즉시 실행하는 것이 성공하는 마인드가 아닙니다.
    만약 당신이 지금껏 그리 한 일이 있다면 분명 오래 가지 못했을 것입니다. 그리고 당신에 대한 안티도 많을 것입니다.

    한 개가 아니라 여러 개를 내 것화 하여 나의 제품을 만들어야 합니다. SNS 발달은 진짜와 진짜인 척 하는 것을 금방 구분합니다. 마찬가지로 전문가와 전문가의 이미지를 만들어 내는 것도 무척 쉽습니다.

　여러 가지 옷, 다양한 시도를 하는 옷을 입어보아야 합니다. 남의 옷이 예뻐보인다고 내게 맞는 것이 아닙니다. 이 옷 저 옷 입어보면서 나의 체형과 이미지를 플러스 해주는 것들을 조합하여 나의 색깔을 찾아야 합니다.

　아이템, 브랜드명, 세일즈 방법 등 내게 맞는 스타일의 옷을 찾게 되면 더 이상 '뭐 없나' 검색할 필요가 없습니다. 누가 내 것과 비슷하게 만들지 않을까 불안할 필요도 없습니다.

　만약 누군가 당신을 따라하는 사람이 생겼다면 당신은 성공의 길에 다가서고 있다는 뜻입니다.
　그러니 짜증나거나 스트레스 받지 마십시오. 앞서 말했습니다. 누구도 알아주지 않는 일에 내 에너지를 쏟아 붓는 것과 같이 어리석은 일이 없습니다. 그럴 시간이 있다면 차라리 고기라도 사 드시라고 말입니다.

　내 머릿속에 있는 지식과 지혜를 꺼내기 전까지는 도둑맞을 수 없습니다. 그러니 당신은 당신의 길을 가면 됩니다.

　시기와 질투는 자신과 비슷하다고 느낄 때 하는 것입니다.

노출될까봐 홍보도 못하는 지경까지 가지 마십시오!

독보적인 마인드로 앞서 가십시오. 지속하십시오. 멈추지 않는 것이 중요합니다.

당신 안의 지혜로 하고싶은 모든 것을 자유롭게 하면 됩니다.

김은석 코치의 불안한 1인공방
원가 계산하는 방법

당신은 원가를 계산하고 있습니까?

나는 사업 초기 원가가 1000원이면 1500원을 받고 판매했습니다. 천 원 상품을 사 올 때 백 만원어치 물건을 사서 창고에 재고를 쌓아두고 택배비를 내는 것은 계산에 넣지 않았습니다.

내가 물건을 주문하는 시간과 물건을 창고에 정리하고 그 제품을 다시 포장해서 판매하는 데 드는 내 노동은 내가 할 수 있는 일이라고 생각했습니다.

내가 할 수 있는 일은 서비스로 하고 그 비용을 고객에게 돌려주자, 저렴한 금액으로 공급하자 라고 생각했습니다.

쇼핑몰이나 인스타그램을 통해 1개라도 주문이 들어오면 감사한 마음으로 이거 넣고 저거 넣고 하느라 오전 시간내내 바빴습니다. 그리곤 '아, 예전의 나라면 동네 아줌마들 만나 커피 마시고 놀았을 텐데 난 참 시간을 의미있게 보냈어, 돈을 쓰지 않는 게 어디야.' 라고 생각했습니다.

나는 원가계산을 그렇게 했습니다.
내가 사업자를 내고 난 뒤 남편에게서 떨어져 나온 건강보험료와 국민연금비용를 생각하지 못했습니다. 배우자소득공제도 받지 못했습니다.

공방 월세는 재껴두더라도 쇼핑몰 도메인비용, 택배발송비, 에어캡 등의 부자재도 사야 합니다. 고객에게 나가는 포인트 적립금, 1년에 두 번 부가세신고 등 끝도 없는 돈이 들어가는 것을 사업 초기에는 크게 생각하지 않았습니다.

인스타그램에 떼샷으로 1000개 2000개를 납품한 사진을 올리고 며 칠을 고생한 노동의 댓가는 너무도 비루합니다. 대량으로 납품을 한다는 것은 대량으로 할인도 들어가기 마련입니다. 차 떼고 포 떼고 도와주는 강사선생님 식사비와 간식값 빼면 별로 남는 게 없습니다. 물론 그 일을 안하는 것보다는 낫습니다. 그 달 공방 유지비 정도는 나올 수도 있습니다. 나는 묻습니다.

당신의 골병값은 계산 하셨습니까?

나는 이제 골병드는 일은 하지 않습니다. 시스템을 갖추고 내 가치를 높이는 일만 합니다.
적게 일하고 많은 것을 누립니다.

김은석 코치의 불안한 1인공방
1인 공방 실패 원인

당신은 모든 일을 스스로 다 해내고 있습니까?

나는 내가 다 잘할 줄 알았습니다.

모든 것을 혼자 할 수 있었습니다. 내가 하는 것이 더 빨랐습니다. 내가 시간을 조금 더 효율적으로 사용하면 된다며 모든 것을 시간 쪼깨기에 열을 올렸습니다.

나는 체력이 좋은 사람인 줄 알았습니다. 지나고 보니 아니었습니다. 그것은 버티는 삶이었습니다. 견디는 삶이었습니다. 도와주는 강사님이 있어도 모든 의사결정을 혼자 해야 하는 1인공방 시스템의 문제에 대해 의문을 갖지 않았습니다.

나는 내가 배려하면 되는 줄 알았습니다. 직원이 힘들지 않도록 더 열심히 일하고 거래처 사람들을 불편하지 않도록 더 베풀었습니다. 문제가 생기면 가능한 내가 떠안으면 되는 줄 알았습니다. 배려는 당당한 권리로 돌아왔습니다.

모든 것은 한정적입니다. 내가 감당할 수 있는 것은 한계가 있기 마련입니다. 머리로 알았습니다. 글로 알았습니다. 몸과 마음은 인정하지 않았습니다.

1인공방을 실패하고 1인 기업 브랜딩을 했던 3가지 강력한 이유도 있었습니다. 그것은 바로 독박육아, 부모님의 건강, 그리고 경제적 독립입니다.

첫째, 나는 세상의 일을 모두 도맡아 하는 남편이 있습니다.
언제나 바빴습니다. 내겐 자식은 엄마 몫이라는 인식이 박혀있습니다. 미안함과 자괴감을 항상 지니고 다닙니다. 언제까지 이런 삶을 지속할 수는 없었습니다

둘째, 내겐 10년 넘게 당뇨와 투석으로 병환 중이신 친정아빠가 계십니다. 병간호 하느라 중간에 친정엄마도 암선고를 받고 완치

파정을 받은 지 얼마 되지 않았습니다.

입원하는 횟수는 많아지고, 강도도 점점 강해지는 친정아빠를 보면서 항상 후회하지 않는 삶을 기도합니다. 언제 호출이 올지 모르는 삶입니다. 1인 공방은 내가 없으면 큰일나는 시스템이었습니다. 불안의 연속이었습니다.

셋째, 나는 남편으로부터 완벽한 경제적 독립을 원했습니다.

전업주부가 있습니다. 남편은 큰 아들 9살, 둘째 딸 6살, 막내 딸 백일 무렵 갑자기 돌아가셨습니다. 내 남편과 시어머니 이야기입니다.

나는 새끼들 키우면서 피눈물 났던 어머님 얘기를 자주 듣습니다. 들을 때마다 눈물이 납니다. 같은 여자로서 안쓰럽기도 대단하기도 합니다. 내가 아이들을 낳고 키우면서는 대단함은 존경심으로 바뀌었습니다.

남편은 직업의 특성상 갑자기 남편을 떠나보낸 미망인과 그 가족들을 종종 만납니다. 나는 감정이입이 되어 가족을 잃은 슬픔보다 생계를 걱정해야 되는 그들이 마음 아팠습니다.

나는 부모의 자산이 내 자신이 아님을 알고 있습니다. 아이의 성적이 내 성적이 아님도 알고 있습니다. 남편의 사회적 지위가 내

지위도 아님을 압니다.

　나는 그런 의미에서 내 일을 하고 싶었습니다. 내 일과 내 직업, 내 명함은 내 이름처럼 하나로 생각했습니다.
　세 번째 이유인 갑작스런 가장의 부재의 간접경험은 나의 경제적 독립에 대한 동기부여를 더 확고히 했습니다.

　그리고 지금,
완벽한 경제적 독립을 하였습니다.

김은석 코치의 불안한 1인공방

바쁜 게 능력인 줄 알던 시절

'언제 식사 한 번 같이 해요'

나는 이 말을 참 많이 들었습니다. 당시 파워블로거의 인기와 바이럴의 힘은 엄청 났었습니다. 온갖 업체에서 협찬이 들어왔습니다. 식당, 출판사, 공연, 화장품, 하물며 보일러까지 분야와 가격을 따지지 않고 보도자료와 물건을 보내준다고 하였습니다.

내가 사업을 시작하고 사람들을 만났을 때에는 우드라이크를 소개 하기보다 '파워블로거이기도 합니다.' 라고 인사를 하면 사람들이 눈을 반짝였습니다. 서로 윈윈하는 것이 나쁘지 않았습니다. 사람 만날 일이 많아집니다. 각종 공모사업이나 부스, 기관의 행사에 참여할 일도 많아집니다.

물 들어 올 때 노 저으라고 합니다.
나는 그런 줄 알았습니다. 날마다 외부 일정이 끊이지 않았습니다. 어떤 것은 매출로도 연결이 되었습니다. 희망고문 격인 매출입니다. 미래 매출은 내가 자리잡기 전이라 큰 매출로 연결되면 버거운 일도 발생이 됩니다.

그 때는 바쁜 게 능력인 줄 알았습니다.
아플 시간도 없이 바쁘게 일하고 새벽까지 일하면서 뿌듯했습니다. 딴에는 아이들과 시간을 내어 여행도 가곤 했는데 몸만 갔습니다.

머릿 속에는 다음 날 일상으로 돌아가서 해야 할 일들이 가득했습니다. 잊어버리면 안되는 것들, 다음 날 꼭 보내줘야 할 것들이 끊임없이 생각이 났습니다. 휴식이 제대로 될 리 없습니다.
그 때는 그런 나의 모습조차 굉장히 프로패셔널 하다고 생각했습니다. 마치 내가 큰 기업의 대표가 된 듯 했습니다.

지금은 아닙니다.

나는 이제 바쁘기만 하는 강의와 납품, 교육을 하지 않습니다. 일이 변하지는 않았습니다. 여전히 같은 강의와 같은 제품을 납품하고 교육을 하고 있습니다. 단지 코칭을 통해 변화된 성공시스템을 적용하고 변화한 것 뿐입니다.

장담컨대 이 성공시스템을 알지 못했다면 나는 성공한 지금도 뼈빠지게 일하고 있을 것입니다. 그 삶이 옳은 것이라 믿고 앞만보고 달리고 있을 것입니다. 자영업자 마인드를 멈추어야 합니다.

당신도 알고 있을 것입니다.
지금도 한계입니다. 달리기만 하는 삶은 멈출 수 밖에 없습니다. 사업과 삶에 기복이 많으며, 슬럼프를 동반합니다. 슬럼프는 자존감과 삶의 균형을 깨드립니다. 물론 당신은 강한 사람이므로 극복할 것입니다. 하지만 잊지 말아야 합니다.

무기력함과 슬럼프는 또 찾아 옵니다.
젊음도 영원하지 않습니다.
경쟁은 더 심해질 것입니다.

나의 성공시스템은 평안합니다. 골치 아프게 하지 않습니다. 명확합니다. 결과물이 확실합니다. '밥 먹을 시간도 없이 바빠요' 는 자영업자 시스템입니다. 1인기업 시스템은 몸과 마음이 평안합니다. 머리가 띵~ 한 상태에서 일하지 않습니다. 바쁘지 않고 돈을 버는 것이 능력이고 시스템입니다. 당신도 그 시스템을 경험해 보기 바랍니다.

김은석 코치의 불안한 1인공방
도둑맞은 제안서

강사하면서 억울한 적이 있나요?

저도 당연히 있습니다! 가장 억울했던 일이 내가 작성했던 제안서 통째로 카피 당하는 것이었습니다. 완벽한 Ctrl+C, Ctrl+V 로 말입니다.

내 글을 어떻게 확신하냐고요?

네이버 카페에 올라온 목공체험 회원모집글은 약 한 달 전 목공봉사단체라며 제게 제안서를 요청한 곳이었습니다. 내게는 목공봉사단체명을 사용했고 커뮤니티 카페에서는 자신들 상호를 사용했지만 제안서가 너무 똑같아서 주의 깊게 보았습니다. 공지된 번호를 보니 상호만 다를 뿐 같은 번호여서 카피한 것임을 확신하게 되었습니다. 만약 그 번호가 없었다면 심증만 있고 물증이 없었기에 더 답답했을 지도 모릅니다. 아이러니하게도 차라리 고마운 일이었습니다.

나는 그 글에 적힌 번호로 전화해서 내 목공프로그램 제안서가 왜 여기 있냐고 물었습니다.
"같은 동종업계끼리 서로 윈윈하게요" 하더군요. 내가 말했습니다.
"무엇을 원하는 겁니까? 답변이 너무 당황스럽네요. 글을 내려 주세요."
"어디있는 글을 말하는 겁니까?"
이건 또 무슨 소립니까? 상대방은 카페 글만을 짐작하고서는 카페글을 내리겠다고 대답하길래 나는 밴드글도 내리고 다른SNS에 올린 글도 모두 내리라고 했습니다. 하루 뒤에 확인 하겠다고요.

그 뒤에 결과가 궁금하지않습니까?
하루 뒤에 문자가 왔습니다.
"카페와 밴드글을 이렇게 수정했습니다."라고요. 글은 내리지 않고 말이죠. 수정한 내용을 보니 '그리고'를 '그러므로' 정도로 바꾸어놓고는 내게 '이러면 되죠?' 라며 수정한 걸 확인 해 달라는겁니다! 어이가 없다는 말은 이럴 때 쓰는 말이지요.

도둑맞은 컨텐츠는 또 있습니다.

내가 디자인 했던 원목소품을 새로 생긴 목공협동조합에서 똑같이 만들어 자신들의 협동조합 사이트에서 판매하는 것입니다.

디자인과 나무재질은 물론이고 더 웃긴건 판매가격까지 똑같더군요. 내 쇼핑몰보다 더 저렴하게 올리지 않은 게 그나마 다행인가 싶어지는 순간입니다. 쇼핑몰 사이트 전화해서 이건 하나밖에 없는 내 디자인인데 어찌된거냐고 물었습니다.

역시나 기대를 저버리지 않고 기가 찬 답변이 옵니다. 자신들은 협동조합을 만들어서 오픈한지 얼마 안되었기 때문에 사람들이 쇼핑몰에 많이 오지 않으니 걱정 말라는 겁니다.

3년이 지난 지금도 그 협동조합은 존재합니다. 물론 제안서를 카피해서 사용한 업체도요. 나는 국가에서 또는 관련 산하기관에서 하는 큰 행사에 참여하려해도 상업적인 자영업자라는 이유로 1차 서류조차 통과되기 어렵습니다. 하지만 그들은 협동조합이란이유로, 진흥회교육기관이란 이유로 잘 커나가고 있습니다.

나는 모든 내용을 저장하고 기록해 두었습니다. 무엇을 어찌하려는 것이 아니라 나중에 역으로 내가 억울할까봐 였습니다. 역설적이지 않습니까?

당신도 예전의 나처럼 모르게 또는 당연하게 당신의 지식과 제품과 정보를 뺏기고 있지는 않나요? 뺏겨봤지 않나요? 지금도 뺏길까봐 불안하지 않나요? 그게 바로 알고도 당하고 모르고도 당하는 시스템이라지요.

나는 이제 알고도, 모르고도 당하지 않는 나만의 시스템을 갖추고 있습니다. 진즉 이렇게 할 것을 이라는 생각이 듭니다. 이제는 무엇을 하든 잘 되서 불안하지도, 잘 안되어서 불안하지도 않습니다. 당신도 깨달았으면 좋겠습니다.

김은석 코치의 불안한 1인공방
언제까지 보따리 장사를 할 수는 없어서요

에이전시를 통해 백화점 팝업스토어 마켓을 전문으로 판매하는 강사님이 공방을 방문했습니다.

"이렇게 공방을 운영하시는 거 부러워요!"
"저도 이렇게 내 공방 하나 차리는 게 꿈이에요!"

나도 공방이 없을 땐 보따리 강의부터 했습니다. 강의가 없는 시즌에는 보따리 판매도 했습니다. 사업자를 내기 전 플라마켓부터 시작했더니 집 안에 온갖 잡동사니가 늘었습니다.

나도 내 작업실 같은 공방 하나 갖는 게 꿈이었습니다. 동네 작은 공방에서 향이 좋은 커피를 마시다가 딸랑 소리와 함께 나무체험을 하러 오신 분을 맞이하는 모습을요. 기분 좋아지는 음악도 있고 체험자는 기쁜 마음으로 작품을 완성해서 돌아갑니다.

그 꿈을 이루었습니다!
처음엔 너무 좋았습니다. 그런데 한 달, 두 달 시간이 갈수록 힘든 일이 생겨나기 시작했습니다. 나는 여전히 보따리 강의를 하고 있었습니다.

강의가 들어오면 체험목재를 기본으로 못,망치, 페인트, 붓 등 끝도 없는 부자재들을 박스에 싸야 합니다. 2시간 남짓한 강의를 끝내고는 공방으로 돌아와 사용한 붓을 빨고 부자재를 제자리에 정리해야 합니다.

강의는 있을 때도 있고 없을 때도 있습니다. 거의 일회성에 그칩니다. 매 달 들어가는 월세와 유지비, 인터넷비용 등도 다 합하면 장난이 아닙니다.

나는 '공방 하나 차리는 게 꿈이에요.' 라고 말하는 강사님께 말합니다.

"선생님, 공방부터 차리지 말고 공방 인테리어 비용으로 나 부터 브랜딩 하세요. 그럼 내 작업실은 저절로 따라오게 됩니다."

내가 만약 개인 공방을 오픈하기 전 브랜딩 하는 방법을 알았다면 좀 더 빨리 자리 잡았을 거라 확신합니다. 내가 그 두 길을 모두 가 보았기 때문입니다.

당신도 느낄 것입니다. 당신의 체력과 시간은 한정적이고 보따리 강의, 보따리 판매는 한계가 있다는 것을요.

나부터 브랜딩 하십시오. 돌아가지 마십시오. 그것이 당신을 빠른 성공의 길로 이끌어 줄 것입니다.

김은석 코치의 불안한 1인공방
승마가 주는 깨달음

작년에 지인의 소개로 승마를 배우기 시작했습니다.

말은 뭣모르고 체험형태로 타면 쉽습니다. 초보자에 맞게 잘 훈련되어 있기 때문입니다. 사람이 타기만 하면 타닥타닥 앞으로 걸어나갔습니다.

"이걸 왜 배우지? 그냥 타면 되는데 참 쉽다"

그런데 체험이 아닌 진짜 승마를 배우려고 하니 어느 것 하나 쉬운 것이 없습니다. 3회차부터는 내가 직접 마구간에서부터 말을 끌고 나갔는데 무척 떨렸습니다. 금방이라도 내가 말발굽에 밟힐 것 같았습니다. 내가 말을 끄는 것인지, 내가 말에 끌려가는 것인지 알 수 없었습니다. 말은 그냥 타면 가는 것인 줄 알았는데 방법에 따라

탁탁탁,
타닥 타닥 타닥.
다그닥 다그닥 다그닥

평보,속도,구보 등 방법이 모두 달랐습니다.
나보다 3배나 더 큰 말을 컨트롤 한다는 건 여러 가지 의미를 갖습니다. 그리고 여러 가지를 깨닫게도 해줍니다.
절대 고삐를 놓아서는 안 되지만 세게 잡아당겨도 안 됩니다. 그렇다고 고삐를 느슨하게 잡으면 여지없이 이 녀석이 날 컨트롤 하려하죠.

사업도 마찬가지입니다.
내가 조금 더 배려하고 베푼다는 마음으로 상대방에게 맞추려고 하는 것도, 내가 맞다고 내 마음대로 가려 하는 것도 모두 뜻대로 되지 않습니다.

여러 시행착오와 스텝을 거쳐 어느 한 순간-. 말과 내가 호흡이

일치하는 그 때부터는 힘들이지 않게 구보가 가능합니다. 처음부터 그랬던 것처럼 익숙하게 말에요.

내가 알고 컨트롤 하는 것과 주객이 전도되는 것은 다릅니다.
시작하기는 누구나 쉽습니다. 요즘같이 정보의 홍수 속에서는 누구나 쉽게 창업할 수 있으며 SNS에는 누구나 쉽고 빠른 시간 안에 전문가로 패키징이 가능합니다. 하지만 체험이 아닌 실전으로 뛰어 들어보면 알 것입니다.

막연히 내가 잘하는 것으로, 열심히 하는 것으로, 최선을 다하는 것으로 되지 않습니다. 내가 가진 것과 할 수 있는 것이 어느 플랫폼에서 마케팅과 세일즈 되는 지 현장을 봐야 합니다.

남의 밥상에 숟가락을 얹는 것은 한 두끼는 해결 할 수 있으나 내 밥상이 아님을 명심하십시오. 겉멋만 들어 창업을 한다면 바로 폐업입니다. 요즘은 상도덕도 없습니다.

김은석 코치의 럭셔리 1인 사업
종종대는 일상을 졸업하다

1인공방에서 1인사업으로 전환하고 나는 일정을 자유롭게 조절합니다. 일하는 시간과 메신저 하는 시간은 줄었지만 수업은 늘었습니다. 그 전에는 하루종일 카톡으로 강사들이 묻는 말에 답을 해야 했습니다.

"선생님 이번 학기 뭐 새로운 아이템 없을까요?"

이렇게 카톡이 오면 나는 그 때부터 뭐가 없을까 고민하고 그에 맞춰 회신을 하고 어떻게 수업을 하면 되는 지 설명을 합니다. 이건 수입이 발생되는 일이 아닙니다.

  또한 주문을 한다고 해서 강사님들께 많은 수익을 남길 수도 없는 일이었습니다. 내가 강사 생활을 해봤기 때문입니다.

  공방 강사들은 시간당 강사료 3만원 5만원 받고 출강을 합니다. 짐이 있기 때문에 차로 이동하는 것이 일반적입니다. 1시간 30분 내외의 수업을 위해 적어도 일주일 아니면 하루 전에는 수업 준비를 합니다. 밑작업 해야 할 것들도 많습니다.

  재료가 하나라도 빠지면 수업에 차질이 생기기 때문에 예민해집니다. 강사료는 정해진 기준에 따라 지급되기 때문에 재료비에서 다만 몇 천원씩이라도 남아야 숨통이 트입니다.

  커피 한 잔과 김밥 한 줄 정도 먹을 수 있습니다. 티 안나는 차비와 각종 부자재 값을 충당할 수 있기 있습니다. 그것을 아는 나는 강사님들께 DIY재료비를 많이 받을 수 없었습니다.

  나도 지난 몇 년을 강사마인드로 지냈습니다.
  말이 1인공방 사업가이지 강사와 다르지 않았습니다. 이제는 하루를 종종거리며 살지 않습니다. 나의 기술과 지혜로 1인 공방을 졸업하고 1인 사업을 브랜딩 했기 때문입니다.

김은석 코치의 럭셔리 1인 사업

1인 사업의 강력한 동기부여 3가지

[1] 독박육아

[2] 부모님의 건강

[3] 경제적 독립을 할 수 밖에 없는 환경

앞 서 1인공방 실패 원인에 자세히 적었던 3가지입니다. 118페이지를 다시 참고하시기 바랍니다.

남편은 내가 경제적으로 독립을 하였기 때문에 일에 다양한 선택권이 있습니다. 돈 때문에 일을 그르칠 일도 없습니다.

사회적으로 선한 영향력을 끼치는 데 더 주력할 수 있습니다. 내가 그에게 줄 수 있는 정신적 자유입니다.

나는 그에게 자유를 선물합니다.
당신은 일을 하는 뚜렷한 목적이 있습니까?
일에 대한 강력한 동기부여는 무엇입니까?

'나를 찾기위해서요.'
'자기계발을 위해서요.'
'아이들 학원 가는 시간이 길어지니까 시간이 여유가 있어서요.'

하나마나 하는 소리는 하지 마십시오.

그러한 마인드로는 내가 3만원자리 강의를 하고 돌아다녔던 것처럼 당신도 3만원자리 배움과 자기계발 만을 지속하게 될 것입니다.

나는 나의 주력분야가 있습니다.

또한 취미가 돈도 되는 직업을 갖고 있으며, 먹고 사는 일을 할 수 없을 때 쓸 수 있는 수입의 파이프라인도 만들어 놓았습니다.

당신의 직업과 월급은 몇 개 입니까?

나의 저 깊은 마음 속 욕망과 동기부여를 끄집어내십시오.

없으면 만드십시오.

모르겠으면 나를 찾아오십시오. 내가 도와주겠습니다.

김은석 코치의 럭셔리 1인 사업

1인 사업 성공 노하우 3가지

내가 1인공방을 정리하고 1인기업 브랜딩을 성공한 이유는 단순합니다.

첫째, 나를 존중하는 시간.

이제 나는 사업을 요란하게 하지 않습니다.
조용하게 멍 때리는 아침으로 내 심신을 편안한 상태에서 하루를 시작합니다. 아침부터 바삐 움직여서 사람을 만나지 않습니다. 비어있는 시간에 일정을 잡지 않습니다.

내 것으로 소화하지 않는 깨달음은 실행력을 동반하지 못합니다. 아무리 많이 배워도 알고 있지 않는 것과 같습니다.

깨달았습니까?

내 안의 것을 먼저 끄집어 내십시오. 나의 글을 통해 나의 가치를 알고 나를 존중하는 시간을 가지십시오.

나는 소리없이 강합니다.

둘째, 레버리지입니다.

수업을 많이 하고, 납품을 많이 한다고 해서 잘나가는 사업가가 아닙니다. 나도 성공하기 전에 그렇게 뼈빠지게 일해 보았습니다. 지금의 성공은 뼈빠지게 일한 과거가 있었기 때문이 아닙니다. 바쁘기만 한 시스템을 끊고 성공시스템을 도입했기 때문입니다.

성공시스템 중 하나가 레버리지입니다.

나는 이제 내가 꼭 해야할 일과 중요한 일 외에는 철저하게 아웃소싱을 합니다. 핵심기술만 내가 가지고 갑니다. 유연한 아웃소싱을 하는 것 또한 1인 기업가의 자질입니다. 성공시스템의 구체적인 내용은 후에 코칭을 통해 알려드리겠습니다.

셋째, 코칭을 통한 퍼스널브랜딩입니다.

나는 지속적으로 1인기업 브랜딩을 하고 있습니다.

사람들은 흔히들 SNS 마케팅을 브랜딩 하는 것으로 착각합니다. 나는 독자적인 시스템으로 브랜딩을 합니다.

과정 속에서 계속해서 깨닫도록 합니다. 마인드코칭, 시간코칭이 필요한 이유도 여기에 있습니다. 반드시 실행력을 동반해야 합니다. 기존에 내가 했던 방식을 고수할 것이라면 코칭은 의미가 없습니다. 서로가 시간 낭비일 뿐입니다. 그렇지 않습니까? 나는 그런 사람에게 나의 금같은 시간을 단 1분도 쓰고 싶지 않습니다.

나는 '될까?' 라고 의심하거나 한 번 해보라고 따라는 해보겠다는 마인드의 사람들에게 말합니다.

지금까지 했던 당신의 방식대로 그냥 사십시오. 어제와 같은 나를 미래에도 만날 것입니다. 어제와 같은 고민을 미래에도 똑같이 하고 있을 것입니다. 악담이 아닙니다. 자신의 삶에 만족한다면 나는 그것도 나쁘지 않다고 봅니다.

김은석 코치의 럭셔리 1인 사업
고수는 노출하지 않고 홍보한다

고기도 먹어본 자가 맛을 안다고 합니다.
당신도 고기를 먹어 보았다고 말 할 것입니다.

정말 맛 보셨습니까?

배고픔을 해소하는 채움이 아니라 나를 행복하게 해주는 맛있는 채움. 일 자체가 맛있는 채움이 되는 행복의 충만함을 맛 보셨습니까? 인터넷에 맛집과 가성비 최고인 집만 검색 해서는 맛있는 고기를 맛보기 쉽지 않습니다.

고수는 함부로 드러나지 않습니다. 요란하게 자신을 홍보하지 않습니다. 하수가 자신을 노출시키는 것입니다.

당신은 홍보와 노출이 차이가 무엇인지 아십니까?
당신의 SNS는 홍보되고 있습니까? 노출되고 있습니까?

맛집은 맛있는 하나만 파고 들어갑니다. 고수는 득이 되는 일만 합니다. 당신의 핵심가치는 무엇일까요? 당신만이 해결할 수 있는 것은 무엇일까요? 당신에게 가면 무엇을 해결해 줄 수 있나요?

그것을 계속 파야 합니다. 많이 생각하고 많이 실행하는 사람 앞에 장사 없습니다. 당신이 하고 있는 분야에서 당신이 즐겁고 행복한 분야를 더 파면 그 분야에 고수가 되는 것입니다.

나의 전문분야가 없다면 가장 많은 시간을 할애하고 가장 많은 시간을 생각으로 채우는 그 무엇이 무엇인지부터 찾아내면 됩니다. 생각보다 쉽고 생각보다 가까이 있을 것입니다.

당신도 분명 어떤 분야에서는 고수입니다.
찾지 못했다면 내게 코칭의 도움을 요청하십시오. 당신이 보지 못한 것을 알려주겠습니다.

김은석 코치의 럭셔리 1인 사업
취미가 돈도 되는 일을 하는 날

목공은 나의 전문분야입니다.

평일 5일 근무 중 2일은 나의 전문 분야의 일을 합니다. 큰 의사결정을 하는 일 외에는 직원 강사선생님의 도움을 받습니다.

글쓰기는 내가 좋아하는 취미입니다.

가끔은 글쓰기가 내 전문분야 인 것도 같습니다. 취미가 돈이 되면서 부터인 것이지요.

나는 이제 주중에 일하는 것도 내 컨디션에 따라 선택해서 합니다. 내 머리가 맑으면 글을 씁니다. 내 마음이 어지러우면 목공을 합니다. 육체노동이 필요할 때와 지식노동이 필요할 때를 선택해서 일 할 수 있게 된 것입니다.

나는 이것이 나의 일을 함에 있어서 균형을 이루어 주는 것으로 정했습니다. 나에 대해 많은 시간을 투자하여 나를 알아간 것들입니다.

코칭이 많은 도움이 되었습니다.
1인기업 브랜딩이 되었기 때문에 가능합니다. 한 번 뿐인 내 인생 하고 싶은 대로 다 누리며 삽니다. 그래도 됩니다.

김은석 코치의 럭셔리 1인 사업
골프와 사업은 닮았다

일주일에 두 번 정도는 운동을 합니다.

시간적 여유가 있을 때는 승마를 하고 평상시에는 골프연습장에 나갑니다. 시즌에는 그이와 함께 필드 나가는 것도 즐깁니다. 내가 처음 골프를 배울 때는 그저 그이와 함께 할 수 있는 운동이 필요해서 였습니다.

그이가 집에서 골프채널을 볼 때면 무척이나 싫었습니다.
저렇게 재미없는 것을 왜 보지? 싶었습니다. 그이만 삶의 여유를 부리는 것 같아서 딱히 관심도 없는 데 나도 골프를 시작했습니다. 배우면서 알았습니다.

골프는 자기 자신과의 멘탈싸움입니다.

분명 내 플레이만 하면 되는 데 상대방 플레이에 따라 멘탈이 흔들립니다. 사업도 마찬가지입니다. 계속해서 스스로를 세워야합니다. 흔들리는 멘탈도 세워야 하고 주저앉는 자존감도 세워야 합니다.

열심히 하는 것으로, 최선을 다하는 것으로만 성공한다면 세상에 성공하는 사람은 흔할 것입니다.

사업은 실전이고 필드입니다.
학교가 아닙니다. 공부하는 곳이 아닙니다. 공짜마인드와 스터디 같은 배움만을 지속해서는 세울 수 없습니다.

사업은 투자해서 얻는 것입니다.
나를 강하게 세워 전략적으로 밀고 나갈 때 성공하는 것입니다. 행복과 자유를 누리는 것입니다.

당신도 누릴 수 있습니다.

김은석 코치의 럭셔리 1인 사업
나는 늘 괜찮은 사람

"바빠요?"
"아니요, 괜찮아요."

나는 늘 괜찮은 사람이었고 OK하는 사람 이었습니다.
하물며 그 모임에 간식이 필요하면 손이 빠른 내가 준비해 가겠다고 자처했습니다.

나는 누군가 나를 기억해 주고 찾아주면 반갑고 고마웠습니다.
상대방의 호의를 무시하는 것 같아서 거절하지 못했지요. 내가 조금 시간을 쪼개서 일을 마무리하면 되지 라고 생각하고 상대방이 편한 시간에 맞춰 만났습니다.

때때로 내게 도움을 청하러 오는 사람에게 조차 당신은 차가 없으니 내가 이동하는 게 편하겠다며 상대방 회사나 집 근처로 가서 만났습니다.

당신은 어떻습니까?

나는 이제 그런 만남을 하지 않습니다.
나는 아무나 만나지 않습니다. 나의 가치를 떨어뜨리는 장소나 환경에 나를 두지 않습니다. 나의 가치를 몰라주는 사람하고는 만나지 않습니다.

내 가치를 알아주는 사람만 만나기에도 시간이 부족합니다. 그렇지 않습니까? 뭐하러 내 자존감을 무너뜨리는 사람을 만나 내 아까운 시간을 보냅니까?

나는 지금껏 내 가치를 무너뜨리는 사람과 함께 있어도 매너있게 대하는 것이 품격이라 생각했습니다.

하지만 지금은 아닙니다. 깨달았습니다. 나의 가치를 모르고 나의 가치를 하찮게 여기는 사람은 내 인생에 도움이 되지 않습니다. 지금 도움이 되더라도 언젠가는 뒤통수 맞습니다. 결국 상처받을 겁니다. 당신도 겪어보지 않았습니까?

거절하십시오!
괜찮지 않다고 말하세요!
그건 좀 불편한데? 라고 흘리기라도 하세요.

나는 이제 누군가 전화해서 '바빠요?" 라고 물으면 " 바쁘진 않지만 누군가를 만나 수다 떨 정도로 한가하진 않아요" 라고 말합니다.

내가 하는 말, 내가 쓰는 글, 내 시간. 모두 돈입니다.

나의 가치를 돈으로 교환할 수 있는 사람 하고만 말하고, 칼럼을 쓰고, 시간을 내어 코칭을 합니다. 당신의 말과 글. 시간을 귀히 여기십시오. 당신을 존중하십시오.

당신이 당신을 대하는 것도 습관입니다.

나의 일도 행복도 퍼스널브랜딩도 모두 존중받는 나로부터 나오는 것입니다. 당신이 스스로를 존중할 때 다른 이들도 당신을 귀히 여길 것이며, 당신의 제품도 가치있게 여기고 소중히 다룰 것입니다. 잊지 마세요!

김은석 코치의 럭셔리 1인 사업
말 말 말

사업을 하다보면 같이 일 하고 싶은 지인들이 생겨나게 됩니다.

"아, 이 사람이랑 같이 일하면 시너지 효과가 날 텐데..."

하는 마음이 듭니다. 당신도 그런 경험이 있습니까? 나는 있습니다. 나는 그 사람을 중히 여겨 중요한 것들을 어떻게는 알려주려고 말을 많이 했습니다.

내가 실수 하고 이팠던 것들을 경험하지 않았으면 하는 마음이 많았습니다. 시간이 나는 대로 서류도 이것저것 보여주고 하는 방법을 알려 주었습니다. 중요 거래처도 모두 오픈 했습니다.

결과적으로는 후회합니다. 당신도 마찬가지지 않습니까?
아직 경험하지 못했다면 경험하지 마십시오.

가치를 지불하지 않는 정보는 정보가 아닙니다. 귀한 줄 모릅니다. 쓰레기 취급받습니다. 그렇게 정보를 습득한 사람은 그 가치를 아무데나 말하고 돌아다닙니다. 시장을 흐리게 합니다.

그리고 마치 스스로가 선한영향력을 끼쳤다고 착각하고 살게 합니다. 그 사람에게 공짜로 정보를 받은 사람은 그를 괜찮은 사람으로 착각하도록 우대합니다. 이게 말이 됩니까?

당신은 그 가치를 얻기 위해 많은 시간과 돈, 에너지를 쏟았을 것입니다. 당신의 주변인까지 희생하며 알았던 귀한 것들을 함부로 여길 것입니다. 당신이 원하는 것이 이것입니까?

당신이 구입하는 재료 원가는 가족들에게조차 말하지 마십시오. 당신의 가족과 친척은 그 단가를 지킬 필요가 없는 사람입니다. 직장으로 돌아가, 친구를 만나 아무렇지도 않게 "그거 얼마래~. 내가 싸게 구해서 줄 수 있어" 라고 말하고 다닙니다.

가깝게 지내는 지인과 믿을만한 친구에게도 핵심가치는 아끼십시오. 일과 상관이 없다고 안심하고 흘린 정보는 나중에 골치가 아파질 씨앗을 뿌리는 일입니다.

나에게 가치를 지불한 사람에게만 당신의 정보를 알려주십시오. 공짜로 알려준 지식과 정보는 공짜 취급을 받습니다. 귀담아 듣지도 않습니다. 당신의 자존감을 떨어뜨리게 합니다.

똑같은 지식과 정보는 그 가치를 알아보는 사람에게만 판매하십시오. 나의 한 마디 한 마디를 놓칠세라 초집중해서 듣고 메모하고 고맙다고 인사를 합니다. 그 사람에게만 당신의 가치를 아낌없이 주십시오. 당신의 에너지를 발산하십시오. 중요합니다!

김은석 코치의 럭셔리 1인 사업
브랜딩이 무엇입니까?

바야흐로 1인1브랜딩 시대입니다. 당신에게 브랜딩은 무엇입니까? 난 브랜딩 개념을 이렇게 세웠습니다.

"내 몸값을 가장 심플하게 올리는 비결! "

이것이 브랜딩입니다. 브랜딩은 진행형이기 때문에 내 몸값은 계속해서 심플하게 올라갑니다.

같은 공방을 하면서 같은 DIY제품들을 누군가는 1만원을 받기도 하고 100만원을 받기도 하고 1000만원을 받기도 합니다. 그 차이는 브랜딩입니다. 몸값입니다.

내 몸값을 가장 심플하게 올리는 비결이 무엇일까요? 전문가가 되면 됩니다. 사람들은 전문가를 어떻게 알아볼까요?

첫째, 그 사람의 책이 있는가?
둘째, 그 사람이 강연을 하고 있는가?
셋째, 그 사람만 찾아가야 살 수 있는 제품이 있는가?

만약, 당신이 조직에 몸 담고 있다면 조직에 있을 때 내 책을 준비하십시오. 내 책으로 브랜딩 하십니오. 사람들은 조직 밖의 당신을 전문가로 인정하지 않습니다.

물건 자체를 사고파는 시대는 지났습니다. 나는 내 제품에 대해 간절한 필요가 있었습니다. 나만의 가치를 넣어 이 책이 나의 첫 제품이 되었습니다.

많은 제품을 만들어 팔기 위해 매장도 잘 세팅해놓았습니다. 매장에서 나의 칼럼과 온라인 강연, 각종 다양한 프로그램들이 당신에게 도움을 줄 수 있을 것입니다.

김은석 코치의 럭셔리 1인 사업

심플하게 사업하는 5가지 원리

나는 브랜딩을 '내 몸값을 가장 심플하게 올리는 것' 이라고 하였습니다. 당신은 오늘도 SNS에서 좋아보이는 것들에 눈이 번쩍 하진 않았습니까? 이 단어, 이 문구 괜찮다고 내 글에, 내 프로필에 바로 적용하였습니까? 그리고 얼마 후 또 변경 할 계획입니까?

브랜딩에 이것저것 넣으려고 하지 마십시오!

남들 좋다는 걸 다 넣으면 죽도 밥도 안 됩니다. 내 것이 아닙니다. 퍼스널브랜딩이란 무엇입니까? 내 것을 알리는 것입니다.

당신은 내 것을 알리고 있습니까?

내 것이 무엇인지도 모른 채 남이 하는 좋은 것을 마구 넣으려고 하지 마십시오. 브랜딩은 빼고 빼고 또 빼는 것입니다. 그리하여 내 것화 되어 내게 남는 것이 나의 브랜딩입니다. 정리라도 해서 내 것화 해야 합니다.

사업도 심플하게 하면 됩니다.

첫째, 내 교재로 퍼스널브랜딩한다
둘째, 내 온라인강연을 만든다
셋째, 강연으로 제품을 자동화한다
넷째, 1:1로 만나 책임지고 교육한다
다섯째. 저렴한 제품부터 프리미엄 제품까지 판매한다

나는 누구나 알 수 있는 이 심플한 사업을 실행하지 못했습니다. 실행력은 중요합니다. 미래의 원인을 만드는 과정입니다. 성공 씨앗을 뿌리는 일입니다. 말이 씨가 되는 일입니다.

알고 있다고 생각하고 실행하지 않는 것은 모르는 것과 같습니다. 나 역시 코칭을 통해서야 실행하게 되었습니다. 실행 후 알았습니다.

나는 알고있는 것이 아니었습니다.

이 원리대로 실행하고 나니 내가 해야 할 일이 명확해졌습니다. 심플해졌습니다. 머릿속에 온갖 복잡한 생각들은 정리가 됩니다.

당신은 실행하는 사람입니까?

나는 이제 10만원 대 제품부터 천만원 대 프리미엄 제품까지 제품을 세팅하고 고객을 만납니다. 당신도 할 수 있습니다.

김은석 코치의 럭셔리 1인 사업

내가 심플하게 사업하는 이유

몇 년 전 작은 집으로 이사했습니다.

워킹맘인 나는 집안일 하는 시간을 줄여야 했기 때문입니다. 나의 시간과 에너지는 한정적이고 내가 집 안에서 해야 할 일의 양도 비슷합니다. 나는 집안일에 쏟는 에너지를 줄이고자 작은집으로 이사했습니다.

작은 집으로 이사를 한 후 놀라운 변화가 일어났습니다.

물리적인 환경변화는 단지 내가 집안일을 하는 시간만 줄여주는 것이 아니었습니다. 작은집에 맞게 가구도 작아지고 살림살이도 줄이다 보니 삶 자체도 심플해졌습니다.

대형마트에 갈 일이 줄었고 작은 식탁은 소박한 밥상으로 변화가 되었습니다. 불필요한 음식물이 나오지 않았으며 우리 식구는 과식하는 일이 줄었습니다.

집 안이 한 눈에 보이기 때문에 물건을 사재기 할 일이 없으며 생필품은 그 때 그 때 사서 사용하게 되었습니다. 욕실이 하나뿐인 작은집은 꼭 필요한 용품들만 사용합니다. 많은 욕실용품들이 필요 치 않습니다. 생활의 변화는 사업에도 영향을 미칩니다.

사업도 심플하게 합니다!

그동안 내가 일을 함에 있어서 바빴던 이유 중 하나는 내가 돈이 되지 않는 일을 해서가 아닙니다. 내 가치를 무너뜨리는 환경에 나를 두었기 때문입니다. 심플하게 생각정리를 해야 합니다.

아무나 만나지 마십시오!
꼭 해야 할 일과 중요한 일을 실행해야 합니다.

미안하지만 안된다고 하십시오!
가장 어리석은 일이 남의 문제를 내 문제로 만드는 사람입니다.
가장 안타까운 일이 남의 일을 내 일로 만드는 것입니다.

나를 존중하십시오!

　내게 있어 심플라이프는 물건의 소유량을 줄이는 것이 아니라 내 노동력을 아끼는 라이프스타일의 추구이자, 내 마음의 불필요한 소비를 줄이는 존중의 삶입니다.

김은석 코치의 럭셔리 1인 사업
내 사업 아이템을 찾는 방법

나는 잘하는 것이 없었습니다. 좋아하는 것도 없었습니다. 그런데 나는 내 사업아이템을 찾았습니다. 초보 시절 내가 찾았던 방법 3가지가 있습니다.

첫째, 내가 가장 많은 시간을 할애하고 있는 그 무엇을 찾기
둘째, 내가 가장 많은 시간을 생각하고 있는 것을 적기
셋째, 내가 꾸준히 하고 있는 것을 찾아보기

첫째로 나는 많은 시간을 정리하는 데 시간을 할애하고 있었습

니다.

　매일매일 집안을 깔끔하게 정리합니다. 이것은 타고 났습니다. 나는 깨끗하고 정리정돈이 잘 되어야 기분이 좋기 때문에 습관적으로 하는 것입니다. 양치를 해도 수전과 거울을 닦는 것은 습관입니다. 집에 있는 시간 중 자투리 시간들은 서랍 속 물건들을 확인하고 불필요한 물건을 정리하는 데 쓰입니다.

　추후 이것은 심플라이프와 마인드컨설팅으로 이어졌습니다. 앞서 목차 중 '1인 기업 동기부여 3가지'의 내용에서 내가 먹고 사는 일을 할 수 없을 때 쓸 수 있는 수입의 파이프라인이기도 합니다.

　두 번째, 내가 가장 많은 시간을 생각하거나 검색하는 것은 브랜드마케팅과 목공키트였습니다. 이것은 1인공방에서 1인기업으로 브랜딩되었습니다.

　세 번째, 내가 꾸준히 하고 있는 것은 글쓰기 였습니다.

　나는 날마다는 아니어도 꾸준히 일기와 다이어리를 썼습니다. 몇 년 전 메모했던 다이어리와 노트를 보고 나는 깜짝 놀란 적이 있습니다.

　5년 전에 내가 기억하고 싶어서 했던 관심 메모들은 2년 전 기록한 관심 메모와 거의 일치했기 때문입니다. 나도 모르고 있던 사실이었습니다.

또 하나 알게 된 것은 반복된 메모들은 내가 관심있고 하고 싶으나 실행하지 못한 것들이란 사실입니다. 나는 글쓰기를 통한 자기계발을 꾸준히 해왔으며 책을 통해 나를 브랜딩 하고 있습니다.

이것은 앞 서 목차 중 '1인 기업 동기부여 3가지 '의 내용 중 내가 좋아하는 취미가 돈도 되는 직업에 해당 되는 수입의 파이프라인입니다.

당신도 지금 하루, 한 달, 최근 일 년동안 계속해서 드는 생각과 계속해서 검색하는 단어들과 관심 행동들이 있을 것입니다.

말과 글은 나를 가장 정확하게 표현합니다.

글쓰기가 되지 않는 다면 나의 말을 녹음하십시오.
우리는 친구를 만나 술 한잔을 먹지 않아도 날을 새며 이야기할 수 있는 저력이 있습니다.

글쓰기가 된다면 기록하십시오.
데이터가 쌓이면 내 전공분야를 찾게 됩니다. 분명 당신 안에 아이템이 있을 것입니다. 당신이 강의를 하고 있는 분야가 있다면 그것으로 브랜딩을 시작하면 됩니다. 첫 제품을 나와 같이 책으로 하면 됩니다.

김은석 코치의 럭셔리 1인 사업

강사를 위한 퍼스널 브랜딩 코칭

당신은 SNS를 하나요?
한다면 어떤 목적을 두고 하는지요?
얼만큼의 시간을 할애하나요?

나는 파워블로거로 오랜 시간 SNS경험과 강의를 하면서 느낀 것이 있습니다. 바로 강사님들의 SNS 활용에 대한 것입니다. 목공을 하기 전까지는 글을 주로 썼는데 목공강사를 하면서 다양한 분야의 강사님들을 많이 알게 되었습니다.

프리랜서, 사업가, 1인강사, 공방 운영강사 등 강사의 형태도 다양했습니다. 그들의 공통점은 자신의 강의 분야를 알리기 위해 필수로 SNS를 하고 있다는 것입니다.

그런데 어떤 글을 써야 효과적인지 알고 있지 않았습니다. 심지어 그 글이 자신에게 득이 되는 글인지 실이 되는 글인지 조차 모습니다.

때론 일상만을 공유하면서 '왜 내겐 고객이 오지 않지?' 라고 고민만 하고 있습니다. SNS로 제품홍보가 잘 되는 강사들은 인스타그램을 잘하고 블로그에 1일1포스팅을 해서 매출로 연결 되는 것이 아닙니다.

방문자 수가 많고 카페 회원수가 많다고 매출이 많을까요?
절대 아닙니다. 내가 경험했습니다. 블로그 이웃 만명, 카페 회원수 2천명에서도 매출은 1만 원 도 나오지 않습니다.

1일 1포스팅 하는 최적화된 블로그라도 애드포스트로 1~2만 원의 수익이 날까 말까 하는 것이 현실입니다. 빈수레만 요란하고 내 정보만 노출됩니다. 내 정보를 보는 유능한 기업의 마케터들이 영감을 얻어 그들의 매출로 연결 시키는 것을 더 많이 보게 될 것입니다.

그래서 준비했습니다.
'강사들을 위한 퍼스널브랜딩 코칭과정'

이제 내가 하고 싶은 말이 아닌 고객이 듣고 싶은 말과 글로 퍼스널브랜딩을 하십시오. 돈을 내는 사람은 고객입니다. 당신이 하고 싶은 말만 해서는 원하는 걸 얻지 못한다는 심플한 원리를 코칭해드리겠습니다.

김은석 코치의 성공마인드
당신이 속한 프레임은 무엇입니까?

나는 잘하는 것이 있습니다.

그것은 잘 지르는 것입니다. 결제하는 데 망설임이 없습니다. 특히 책이나 문구류를 구입하는 것, 배움을 결제할 때에는 너무 신이 납니다.

왜냐하면 그것은 옳은 일이고 나를 성장시켜주는 가치 있는 일이라 생각하기 때문입니다.

나는 지금껏 배움이 부족하다고 생각했습니다. 그래서 이 정도의 지식과 지혜로 누군가를 가르치다는 것은 말도 안된다고 생각했습니다. SNS를 보거나 외부에서 사람들을 만나면 온통 잘하는 사람 뿐입니다. 내가 겨우 이 정도 지식으로 나서려고 했던 것이 부끄러워 움츠러듭니다.

하지만 생각해보십시오!

병원에 가보면 세상에 아픈 사람이 그렇게 많습니다. 일 년에 한 번 갈까 말까 하는 도서관에 한 번 가보십시오. 책 읽는 사람이 정말 너무나도 많습니다.

공항을 가면 어떻습니까? 경기가 그렇게 안 좋다고 하는 데 해외여행을 가려는 사람들이 비행기 시간을 기다리며 줄을 서서 커피를 주문하려 합니다.

최근 버스 첫차를 타보셨습니까? 맙소사! 아침을 그렇게 일찍 시작하고 열심히 사는 사람들이 너무도 많습니다. 당신도 병원과 도서관, 공항, 첫 차를 타는 프레임으로 들어가면 불안과 두려움을 느낄 것입니다.

당신이 속한 프레임은 무엇입니까?

나오십시오. 당신의 도움을 필요로 하는 곳이 있습니다. 당신은 이미 내 안의 지식과 지혜가 가득합니다. 다른 사람과 비교하지 마십시오.

같은 지식이라도 나의 환경과 배경지식에 따라 지혜와 깨달음은 다릅니다. 오직 나만이 경험한 스토리입니다. 사람들은 정보만을 원하지 않습니다. 같은 제품과 같은 음식을 판매하는 프렌차이즈도 가맹점주에 따라 분위기는 제각각입니다.

결제를 멈추고 당신 안의 스토리를 먼저 제품으로 만들어 보는 경험을 해보십시오. 당신도 모르는 천재적인 제품들이 마구마구 쏟아져 나올 것입니다. 완벽하게 배우고 시작-. 하지 마십시오. 완벽은 끝이 없습니다.

내 위의 부자가 끝이 있습니까?
전세 살다가 내 집 살고 20평대 살면 30평대 집이 보이는 것이 사람의 욕망입니다. 30평 집에 살면 학군 좋은 새 집에서 살고 싶어집니다. 배움의 욕망과 다르지 않습니다. 끝이 없습니다.

이제 배우는 것을 일지정지하고 당신 안의 것을 제품으로 판매하면서 채우고, 채우면서 판매하는 것을 시도해 보십시오.
이제껏 경험하지 못한 삶은 역전됩니다. 지금까지 살아왔던 당신의 삶은 가치있는 삶으로 인정받게 됩니다.

김은석 코치의 성공마인드
나의 성공루틴 마인드편 : 매일 읽는다

계속해서 나는 성공하는 시스템과 원리들을 만들어내고 있습니다. 내가 성공한 비법은 3가지입니다.

첫 번째, 매일 읽는다.
두 번째, 남 일이 아니다.
세 번째, 즉시 실행한다.

첫 번째로 매일 읽는다는 것입니다.

독서를 말하는 것이 아닙니다. 독서는 시간이 될 때 하면 좋습니다. 성공한 사람의 대부분은 독서량이 어마어마 합니다. 하지만 독서량이 많다고 누구나 성공하는 것은 아니지요.

나는 매일 내가 쓴 책과 내가 블로그에 쓴 글을 읽습니다.
내가 쓴 글은 아침에 읽을 때도 있고 밤 늦게 읽을 때도 있습니다. 그 날 그 날 감정에 따라 같은 글도 느낌이 다르게 해석됩니다.

'어머, 이 때는 내가 너무 자만 했구나,
이 때는 왜 그렇게 나를 희생했지?
그렇게 까지 할 필요 없어 보이는데 말야'

당신은 어떻습니까?

내가 쓴 글을 자주 읽으면 나를 잘 분석할 수 있습니다.
MBTI나 DISK검사를 통해서는 알 수 없는 것들입니다. 나 찾기 모임에 나가지 않아도 됩니다. 한 페이지만 읽지 않고 내 글을 30분 정도 읽다보면 물결치는 나의 감정과 가치는 제 자리로 돌아갑니다.

"내가 이런 생각을 했구나. 나 꽤 괜찮은 사람이구나!"

내 글을 통해 나의 가치를 스스로 인정합니다.

매일 내 글을 읽는 다는 것은 매일 매일 내 가치를 확인하는 작업입니다. 매일 매일 깨달아야 합니다.

내 가치를 높이 평가하면 내 자존감이 높아지고, 나 스스로를 사랑할 수 있습니다.

성공한 사람치고 내 가치를 낮게 평가하고, 자존감이 낮으며, 스스로를 사랑하지 않는 사람은 없습니다.

김은석 코치의 성공마인드
나의 성공루틴 마인드편 : 남 일이 아니다

"나, 이번에 책 출판 계약했어"

당신이 알고 있는 지인이 이렇게 연락이 오면 어떤 생각이 드나요? 혹은 어떤 생각이 들것 같습니까?

'잘됐다'
'부럽다'

그리고선 이내 이런 생각이 들진 않나요?

'학교 때 나보다 더 못했는데 책을 내네?'
'하긴 뭐, 워낙 열심히 사니까'
'그래도 책까지는 좀'
'많이 팔릴까?'

시기질투마인드 50%, 부러운 마음의 넘사벽마인드 50%가 왔다갔다 합니다.

나는 다른 이의 어떤 완성을 보면 남의 일이 아니라 내 일인 것처럼 준비했습니다.

나는 누군가 책을 내기로 했다고 했을 때 '나도 내년에는 내 책이 나올 것 같아.' 라고 말이 씨가 되게 합니다. 그 완성이 나도 원하는 것일 때 남 일이 아니라 내 일처럼 생각한다는 뜻입니다.
내 첫 책도 책을 쓰고 싶어지는 마음이 들자 블로그 포스팅을 칼럼처럼 쓰면서 싹이 자랐습니다.

시댁 일도 마찬가지입니다.

어차피 해야 할 일이고 며느리로서 내 역할이 주어진 것입니다. 내가 가난한 집에서 흙수저로 태어났다고 부모를 원망만 할 것입니까? 아내와 며느리로서의 할 일은 남의 일이 아니라 내 일입니다. 시댁일로 스트레스를 받아서 내 가정, 내 일에 집중하지 못하고 과거 상처 속에만 머물러 있지 않습니다.

내가 판 구멍에 나 스스로 들어가는 일입니다.

그것은 누구를 위한 것입니까? 냉정해져야 합니다. 누구도 알아주지 않는 일에 내 에너지를 쏟아 붓는 것과 같이 어리석은 일이 없습니다. 그럴 시간이 있다면 차라리 고기라도 사 드십시오.

또 다른 예를 들어보겠습니다.

전혀 그럴 것 같지 않는 누군가가 강의를 한다고 합니다.
나는 당시 강의 할 것이 없었지만 내가 가장 잘 아는 주제를 가지고 강의 PPT를 만들었습니다. 그리고 평생학습관에 해당 강의안을 제안했습니다.

그 주제가 5년 전 강의했던 "예비초등맘을 위한 초등입학 시크릿정보"였습니다. 그 당시만 해도 이런 강의는 없었을 뿐만 아니라 관련 글은 육아잡지 칼럼으로만 나올 정도의 주제였습니다.

그 뒤로 예비초등맘을 위한 책이 여러권 나왔습니다. 나는 해당 주제로 평생학습관에서 강의를 했고 반응이 좋아 다른 평생학습관에서도 강의를 했습니다. 블로그에 공지를 하고 같은 주제로 강의를 했으며 도서관에서도 연락이 와서 지방에서 강의를 했습니다.

대형출판사에서는 나에게 관련 강의를 동영상으로 찍고 싶다고 하였습니다. 모든 것은 내가 아는 주제에 대한 강의PPT를 작성하면서 였습니다.

나는 '남 일이 아니다' 라는 이 성공루틴 마인드로 내 스스로 작은 성공부터 만들어갔습니다.

내 무대는 내가 만듭니다.

5년이 지난 지금은 남 일이 아닌 스케일이 커졌습니다. 이제는 남의 큰 일이 나의 큰 일이 되었으니까요. 나는 나의 성공 역시 당신이 가져가길 바랍니다. 당신이 무대를 만들 수 없다면 내가 도와주겠습니다.

김은석 코치의 성공마인드

나의 성공루틴 마인드편 : 즉시 실행한다

나의 성공루틴 마인드 세 번 째는 즉시 실행하는 것입니다.

나는 정보가 들어오면 바로 실행하는 사람입니다.
물론 내가 가치를 두는 일에만 해당되는 일입니다. 나는 어떤 경험을 하고 정보를 습득하면 생각합니다. 말이 씨가 되게 합니다. 그리고 즉시 실행합니다.

이것이 나의 성공공식입니다.

생각을 글로 쓰거나 말로 내 뱉어서 씨를 뿌려 나를 묶어둡니다. 그리고 가능한 빨리 실행합니다. 실행할 수 없는 여건이면 혼자 리허설을 합니다. 바로 바로 실행하는 이유는 나만의 DB를 쌓기 위함입니다.

20년 지기 친구라도 20년을 동고동락한 친구와, 시간이 흘러서 알고 지낸 지 20년 된 친구는 다르지 않습니까? 연예도 공부도 사업도 마찬가지입니다. 나는 일에 있어서는 그냥 시간을 보내지 않습니다.

같은 시간 안에 많은 경험을 즉시즉시 실행합니다.
계속해서 경험치를 높여간다는 것은 다양한 변수를 만날 확률도 높다는 뜻입니다. 고객도 제각각이지만 같은 강의를 해도 듣는 청중이 같은 반응을 보낸 경우는 없습니다.
똑같은 제품을 제작해도 매 번 다른 이슈들이 생겨납니다. 여러 가지 여건과 상황과 경험의 횟수는 DB화 되어 나를 업그레이드 시킵니다.

나는 전문가를 이렇게 정의했습니다.
〈현장에서 문제가 발생했을 때 수습할 수 있는 사람〉

문제 자체를 예측할 수 없다면 배우고 있거나 보조강사입니다.

어떤 분야의 전문가가 되고 싶나요? 성공하고 싶나요?

새로운 것을 접하고 그것을 내 것으로 만들고 싶을 때 말이 씨가 되게하여 즉시 실행해 보십시오.

똑같이 주어진 시간 안에 경험시간과 경험횟수를 늘리는 실행력!

그것이 나의 세 번째 성공루틴 비결입니다.

김은석 코치의 성공마인드
나의 성공루틴 장소편

나는 6개월 마다 가는 성공루틴 장소가 있습니다.
　일이 있어도 가고 없으면 만들어서 갑니다. 가면 길이 보입니다. 가면 길이 생기기 때문입니다.

　첫 번째 장소, 치과
　두 번째 장소, 은행
　세 번째 장소, 부동산입니다.

　당신은 아파본 적이 있습니까?

나도 죽도록 아파본 적이 있습니다. 걸을 수 없고 잠잘 수 없는 것보다 아팠던 것은 먹을 수 없는 아픔이었습니다.

건강은 다른 것이 아닙니다.
사람은 잘 먹고 잘 싸고 잘 자면 됩니다.

간장게장을 한 입 깨물었는데 작은껍질이 치아 사이에 끼었을 때 치아가 얼얼한 경험 한 적 있습니까? 아주 작은 이물질 하나만 치아에 껴도 신경이 온통 그 곳을 향하게 됩니다. 하물며 죽도록 아프다는 것은 무엇일까요?

체력관리, 건강관리를 하는 것이 성공의 첫 번째 비결입니다.

노력해서 할 수 있는 관리와 정기점검을 통해서 할 수 있는 관리는 구분해야 합니다. 나는 그 중 하나를 치아관리라 생각합니다. 치아가 정말 중요합니다. 못 먹는 고통이 얼마나 클 까요? 꾸준한 치아관리는 필수입니다.

두 번째로 가는 곳은 은행입니다.

요즘은 은행창구가 많이 줄었습니다. 나는 20살 때부터 은행을 꾸준히 다녔습니다. 방문할 일이 없으면 그냥 번호표를 뽑고 적금

상담을 했습니다. 5만원 자리 정기적금을 들고 잔돈도 바꾸러 갑니다. 은행에서 판매하는 펀드도 월 10만원을 가입해 봅니다.

최근에는 어플로 적금도 가입합니다. 은행의 직원 한 두명과 친분을 쌓고 지냅니다. ISA가 무엇인지, 요즘은 어느나라 펀드가 괜찮은지 설명도 듣고 팜플렛도 가져옵니다.

더우면 더운데로 추우면 추운데로 시간이 남으면 커피숍 대신 은행을 방문하십시오. 또 다른 시야가 생길 것입니다.

세 번째로 가는 곳은 부동산입니다.

부동산은 내가 은행을 들락거리면서 씨드머니(종잣돈)를 만들고 나서 본격적으로 재태크에 발을 들이게 되는 시발점입니다.

나는 지금도 6개월에 한 번은 부동산을 갈 일을 만듭니다. 내가 사는 동네가 아닌 곳에 밥을 먹거나 누군가를 만날 일이 있으면 그 곳의 부동산에 들어가 커피 한 잔 마시면서 다양한 것들을 묻습니다. 요즘 시세는 어떠하고 무엇이 생길 예정이고, 학군은 어떻다는 이야기를 듣습니다.

무언가를 구입할 돈이 있어서 방문하는 것이 아닙니다.

또 같은 물건을 골목을 사이에 두고 매도자 입장에서 방문, 매수자 입장에서 방문하여 상담하면 또 상담 내용이 달라집니다. 나는 부동산을 이렇게 공부하기 시작했습니다.

수입이 들어오는 곳은 근로소득만 있으면 안 됩니다. 내 체력이 한계에 부딪히거나 개인적인 일이 생겼을 때도 수입이 생기는 구조는 필요합니다.

아직 없더라도 괜찮습니다! 지금부터 준비하면 되니까요.

내가 일하지 못하는 상황도 있지 않겠습니까?

몸 관리를 기본으로 은행과 부동산에도 눈과 귀를 열어두어야 합니다.

김은석 코치의 성공마인드
성공의 씨앗, 행복의 씨앗

당신은 누군가 만든 길을 따라가고 있습니까?

나는 스스로 길을 만드는 사람입니다.

누군가에게 배워서가 아니라 그 방법이 내가 편안함을 느끼고 성장하는 경험을 했기 때문입니다. 나는 내가 웃을 수 밖에 없는 장치를 만들고 내가 불안한 감정이 들면 그것을 버리는 장치도 해 놓았습니다.

집과 사무실에 내가 만든 스마일 미니액자를 걸어 놓았습니다. 귀엽고 사랑스럽습니다. 나도 모르게 입가에 미소가 지어집니다.

내가 이유도 없이 미소 짓고 웃음 지으면 아이가 묻습니다.

"엄마? 무슨 좋은 일 있어요?"

나는 불안한 생각이나 말이 잘못 나오면 "퉤퉤퉤"라고 말하면 그 일은 일어나지 않는다는 행복의 징크스를 만들었습니다. 그래서 불안하지 않습니다, 조급하지 않습니다.

나는 나의 말이 씨가 되게 합니다.

오늘도 행복의 말 씨앗을 뿌립니다.

언젠가 말이 씨가 되어 내게 돌아올 것입니다. 당신은 어떤 씨앗을 뿌리고 있습니까? 매일 힘들다는 씨앗, 매일 돈이 없다는 씨앗, 안 될 거라는 씨앗을 뿌리지는 않는지요?

나는 나를 속일 수 없습니다.

내 마음 속 깊은 내면의 소리와 생각까지도 성공의 씨앗을 뿌려야합니다. 말도 안 되는 창피함이 어디 있을까요? 나의 씨앗이고 나의 꿈입니다. 웃음과 행복은 바이러스가 강합니다. 나의 웃음과 행복으로 아이도 웃습니다.

"엄마가 웃으니까 뭔가 좋은 일 있어 보여요. 저도 좋아요"

아이도 나의 성공의 씨앗을 함께 누리고 있습니다.

당신도 당신의 말이 씨가 되게 하십시오.

김은석 코치의 성공마인드
성공하면 하지 않아도 되는 것

"휴.. 또 마이너스야"
"이번 달도 통장만 거쳐가고 카드로 살아야 하는구나"

당신은 어떠합니까?

이번 달 나가는 식비, 차비, 보험료, 대출금, 차량할부금, 관리비, 옷값, 학원비 등등 카드값이 월급을 꽉 채우지는 않습니까?

나는 돈은 중요하지 않다고, 부자들은 돈 밖에 모른다고 말하는 사람들을 봅니다. 그들은 부자들이 대체로 부부관계가 좋지 않고 행복하지 않다고 말합니다.

나는 묻습니다.
당신은 하루 중 돈 생각 얼마나 하는 지 말입니다.
부자들은 돈 밖에 모르지 않습니다. 반면, 가난한 사람은 하루 종일 돈 생각만 합니다. 이번달 카드값이 얼마고, 여기서 더 쓰면 정말 큰일나고 '저 카드는 아직 쓸 수 있겠지?' 라며 계산합니다.

이 돈은 지금 안내도 되고 고장난 저 살림살이는 다음 달에 무이자로 구입하겠다는 계획을 세웁니다. 계산을 잘못하면 다음 달에 나와야 할 카드값이 이번 달에 나올 수 있으니 결제일도 잘 체크해야 합니다.

나는 돈에 대해 별로 생각하지 않습니다. 일상 생활 속에서 돈을 생각하는 지점은 딱 한가지입니다. 내가 가진 돈이 시간과 바꿀 수 있을 때 일의 효용가치를 높일 수 있는 가? 즉, 나는 돈을 교환가치가 필요할 때만 생각합니다.

교환가치를 통해 행복과 여유, 보람과 감사를 누립니다.
하루종일 돈 생각만 하고 돈 밖에 모르는 사람은 돈 걱정을 해야 되는 사람이지, 성공한 부자사람이 하는 것이 아닙니다.

김은석 코치의 성공마인드
내가 원하는 시간을 만드는 방법

 나는 내가 원할 때 하고 싶은 운동도 선택해서 합니다.
 날이 좋은 날엔 골프를 치러 나가고 잡념을 없애고 싶을 땐 승마를 갑니다. 남의 일이 아닙니다. 당신도 1인기업 성공시스템을 적용하면 모두 누릴 수 있는 것들입니다.

 내 컨디션이나 마음에 따라 운동을 선택할 수 있다는 것도 작은 행복입니다. 공부도 집에서만 하면 안되는 것처럼 말에요.
 작게 일해도 높은 성과가 나오는 데에는 여러 가지 장치가 있습니다. 집중해서 일해야 할 때가 있고 생각말고 무조건 일을 해야 할 때가 있습니다.

　내가 이 책을 쓸 때도 나 역시 시간이 부족했습니다.
　당신도 바쁠 것입니다. 하지만 나는 책으로 1인 기업을 브랜딩하기로 했기 때문에 '무조건 하는 일'에 '책쓰기' 라는 장치를 넣었습니다. 매일 이것부터 하고 다른 일을 하는 것입니다.

　이 습관 하나로 당신의 일상은 심플해질 것입니다. 더 이상 남의 일로 바쁘지 않을 것이며, 내가 하지 않아도 될 일은 하지 않게 될 것입니다.

　당신도 알고 있다고요?
　맞습니다. 우리는 알고 있습니다. 누구나 할 수 있는 일입니다. 그런데 말입니다, 실행하셨습니까? 성공한 사람은 실행하는 사람입니다. 실행하지 않는 것은 알고 있지 않는 것과 같습니다.

　알고 있지만 실행하지 않는 사람들이 있기에 내가 성공한 것입니다! 덕분입니다.

　트렌드도 마찬가지입니다.
　트렌드는 읽는 것이 아니라 내가 만드는 것입니다. 나를 만나는 고객이 필요로 하는 것을 내가 메뉴판을 만들어서 문제를 해결해

주면 그것이 트렌드가 되는 것입니다.

쉽게 생각하십시오!

문제가 있다는 것은 시장이 있다는 것이고 당신이 문제를 해결했다면 그것이 당신의 핵심경쟁력이 되는 것입니다. 나는 고객이 필요로 하는 것들을 모두 만들어 보급형부터 프리미엄 메뉴까지 만들어서 판매하고 있습니다.

기억하십시오!
내가 원하는 시간은 내가 만들지 않으면 절대 생기지 않습니다.

김은석 코치의 성공마인드
나는 행복의 징크스를 만드는 사람

당신은 징크스가 있나요?

운동선수들은 시합 전 징크스에 대해 민감하다고 합니다. 속옷을 특정 색깔로 입거나 어떤 음식은 먹지 않거나 하는 것들은 흔한 징크스이지요.

국어사전에 징크스란 '재수없는 일. 또는 불길한 징조의 사람이나 물건. 또는 으레 그렇게 될 수 밖에 없는 악운으로 여겨지는 것'이라고 합니다.

나는 징크스란 단어의 정의부터 달리 했습니다. 좋은 징크스를 만들자. '내가 이것을 하면 재수 있는 일이 생긴다. 좋은 징조의 조짐이다. 으레 그렇게 될 수 밖에 없는 행운의 표시이다' 라고 말입니다.

나의 행복 징크스는 3가지가 있습니다.

[1] 아침에 명상을 하고 나오면 그 날 하루는 행복하다
[2] 말이 잘못 나오거나 불안한 생각이 스치면 "퉤퉤퉤"라고 세 번 말하면 그 일은 발생되지 않는다
[3] 글이 써지지 않으면 캔들을 켜면 집중이 잘 돼서 잘 써진다

아침에 일어나면 이유없이 불안한 날이 있습니다. 잠들기 전에 뭔가 찜찜한 날도 있습니다. 무엇 때문인지 알 수 없는 날도 있고, 알고 있지만 인정하기 싫은 일들도 있습니다.

내가 바쁘고 여유가 없을 때는 자꾸만 일을 그르치기 마련입니다. 매 순간 눈 앞에 있는 것이 급하기 때문에 일을 그르칠 확률도 높습니다. 무기력감 까지 더해지면 '에이~. 알아서 되겠지!' 하는 날도 있습니다.

나도 참 바쁘게 살았습니다.

생각해보면 그렇게 바쁘게 살 일이 아니었는데 말입니다. 이전까지 아침풍경은 그이와 아이들이 전쟁을 한바탕 치르고 각자 자신의 영역으로 나가면 나도 허둥지둥 출근하기가 바빴습니다.

나는 이제 매일 아침을 향이 좋은 커피로 시작합니다.

이전처럼 아침에 허둥거리지 않습니다. 내가 스스로 행복의 징크스를 만들었기 때문입니다. 이것을 하지 않으면 불안하도록 내 스스로 장치를 만들었습니다. 꼭 할 수 밖에 없도록 만들었습니다. 그래서 매일 아침 향이 좋은 커피 한 잔을 가지고 해가 잘드는 거실 바닥에 앉아서 명상을 합니다.

'나의 가치를 높이는 하루가 되자.'
'나를 존중하고 아껴주자.'
'주어진 오늘 하루를 감사히 보내자.'
'감사를 전하는 사람이 되자.'
'기쁨의 하루가 되자.'
'행복을 전하는 사람이 되자.'
'오늘도 많이 웃는 하루가 되자.'

나는 차분하고 조용히 하루를 시작합니다.
나는 세상에 하나밖에 없는 소중한 사람입니다.

꼭 아침이 아니어도 됩니다.

하루 중 내가 원하는 시간에 일시정지를 해도 됩니다. 하루에 한 번 나에 대한 시간을 갖는 것은 돈 들이지 않고 할 수 있는 최고의 자기계발 시간입니다. 당신도 가장 실행하기 쉬운 행복의 징크스를 당신 마음대로 만들면 됩니다.

김은석 코치의 성공스토리
나는 정통 흙수저입니다.

　가난한 공무원 집안의 외벌이 가정에서 태어났습니다. 비가 오는 날 늦게 일어나는 날이면 들고나갈 우산이 없었고, 샴푸는 왜 그렇게 자주 떨어지는 지 물을 희석해서 머리를 감기 일쑤였습니다.

　학창시절에는 있는 듯 없는 듯한 학생이었습니다. 대학 입학을 앞두고는 내가 원하는 학과가 없었습니다. 하고 싶은 것이 없으니 입학 전 알고 있는 학과도 없었습니다.

무작정 공업고등학교 전자공학과 교사였던 친정아빠를 따라 익숙한 전자공학과에 입학했습니다. 대학수업이 재미있을 리가 없습니다. 지방대학 출신에 학점도 낮았습니다.

26살에 지방에서 서울로 올라와 자취를 하면서 회사를 다녔습니다. 대학이나 학점이 변변치 않으니 모두 아웃소싱 업체 소속으로 일하였습니다.

부모님은 나와 동생이 서울에서 자취를 한다고 해서 금전적인 도움을 줄 수 있는 상황이 되지 않았습니다. 박봉의 공무원 월급에 학자금과 주택부금도 매달 갚아가야 했죠.

나는 첫 직장에서 150만원의 월급으로 공과금을 내고 점심을 사먹고 차비를 하고 시장을 봐서 동생과 저녁을 해먹으며 생활했습니다. 나는 오천원 자리 점심도 부담이 되어서 벌벌 떠는 데 직장동료들은 팔천원에서 만원 정도 되는 점심을 사 먹었습니다. 식사 후에는 스타벅스에서 사천원이 넘는 커피도 척척 사먹는 모습에 참 서글펐습니다.

나는 그 때부터 부동산과 펀드, 재테크, 절약에 대해 공부 했습니다.

김은석 코치의 성공스토리
나의 부동산 이야기

당신은 부동산계약서를 작성해본 적이 있습니까?

나는 27살 때 처음으로 내 이름으로 부동산계약서를 작성했습니다. 지방에 살다가 서울에 올라와서 2000만원을 들고 자취방을 계약한 것입니다.

당시 집을 알아볼 때에는 부동산에 문을 열고 '저~2000만원 자리 전세~'라고 말을 하면 내 말을 끝까지 듣지도 않았습니다. 그렇게 싼 집은 없다고 손을 절래절래 흔들고 다른 손님과 이야기를 하였습니다.

그 돈으로는 여관방 공용화장실을 같이 쓰는 자취방을 볼 수 있었습니다. 우산을 쓰고 집 주인 댁 앞에 화장실을 써야 하는 곳도 있었습니다. 지방에서 아빠, 엄마와 생활하였던 나는 그 충격이 너무도 컸습니다.

난 충격을 받은데서 머무르지 않고, 집에서 곰곰이 생각했습니다. 내 안의 지혜를 활용하기로 했습니다. 집부터 구하고 회사 취업을 할 예정이었던 나는 지하철노선표를 펼쳤습니다. 어디에 있는 회사를 갈지는 모르지만 2호선만 끼고 집을 구하면 문제가 없겠다 싶었습니다.

다음으로 2호선 중에 가장 집 값이 싼 곳이 어딜 까 살폈습니다. 그리고 나는 신도림부터 대림, 구로디지털단지, 신대방, 신림까지의 라인에서 집을 구하기로 결정합니다.

크로스백을 메고 수첩과 연필을 들고 약 3일을 하루 종일 걸어서 내가 원하는 집을 구했습니다.
대림역 7분 거리에 2300만원자리 집이었습니다. 옥탑방이나 지하도 아닌 1층이었고 주인이 같은 건물에 살고 있지 않아서 편했습니다. 문 열자마자 앉아야 했고 세면대도 없었지만 방 안에 화장실이 있는 자취방이었습니다.

이사를 하고 전입신고라는 것을 처음 해보았습니다.

이후 전기, 수도 정산을 직접하면서 결혼 전까지 3번의 이사를 통해 계약서를 작성합니다. 다양한 부동산 사람들, 집주인, 집을 보는 법, 교통과 재개발, 재건축 등도 그 때 익혔습니다.

발품을 팔아야 되는 일과 내가 알아야 될 일, 내가 할 필요 없는 일에 대해 공부가 되었습니다. 그 때 발로 뛴 경험은 지금 내가 부동산을 볼 수 있는 바탕이 되었습니다.

내 안의 생각과 지혜를 끄집어 내면 길이 열릴 것입니다. 나는 2호선 안에서 집을 구하고 이사를 다녔으며 회사는 역삼, 선릉, 방배 등으로 이직을 하였지만 교통은 불편함 없이 다녔습니다.

부동산이라고 하면 커보이기만 하고 두렵습니까?
그럴 필요 없습니다. 그들도 시작은 아주 작았습니다. 자산가들도 처음엔 작은 돈을 들고 부동산 문을 두드리며 시작했습니다. 후에 기회가 되면 부동산과 펀드 얘기도 들려드리겠습니다. 나와 함께 부동산을 소유한 자산가의 길을 갑시다!

김은석 코치의 성공스토리
내가 경험한 모든 것에 유익을 찾다.

학교와 학점은 낮았지만 공과대학이다보니 컴퓨터 관련 업무를 10년 이나 하게 되었습니다. 언제나 내 마음 속에는 '그건 나와 맞지 않는 일이야' 라고 외치면서 말이죠.

그 후 결혼과 임신. 출산을 통해 자연스레 경력단절이 되었습니다. 그렇지만 나는 경력을 다시 연결 시키고 싶은 마음은 없었습니다. 차라리 잘 되었구나 싶었습니다. 똑똑하거나 스펙 좋은 여자들도 출산하면 다 똑같이 아줌마 되는 조건이 나는 좋았습니다. 다시 공평하게 출발선상에 선 기분이었습니다.

그래서 도전했습니다!

육아를 회사 일처럼 프로답게 하기로 말입니다.
왜냐구요? 마지막 직장에서의 작은 성공경험이 내겐 큰 깨달음을 주었기 때문입니다.

출산 후 육아휴직 기간 중이었습니다. 휴직은 1년까지 가능했는데 회사 부장님은 1년 3개월이 되어도 내가 복직할 만한 자리는 나오지 않는다고 했습니다. 1년 5개월이 될 무렵 내게 전화가 왔습니다.

"은석씨, 많이 기다렸죠? 복직할만한 자리가 마땅치 않아서 그동안 연락을 못했어요. 자리가 하나 있긴 한데 거기가 다른 사람들이 모두 꺼려하는 자리인데 괜찮겠어요? 다들 몇 달을 못 버티고 나가서 내가 복직하라고 연락하기가 어려웠어요"

나는 망설이지 않고 복직했습니다. 갑자기 컴퓨터 일이 적성에 맞아서가 아니라 퇴근없는 육아보다 낫겠다 싶었습니다.

복직한 직장에서의 만족도는 참 높았습니다. 단순히 컴퓨터 업무만 하는 것이 아니라 팀장으로서 다른 부서들과 커뮤니케이션하고 시스템을 향상시키는 업무가 좋았습니다.

아무도 맡으려 하지 않는 부서의 팀을 한 달 안에 안정화 시킨 나는 많은 인정받았습니다. 육아할 때는 온갖 노력을 해도 빠지지 않던 살도 쭉쭉 빠져서 아가씨처럼 예뻐지기도 했습니다.

하지만 얼마 못 가 어쩔 수 없이 퇴사하게 되었습니다. 나의 첫 책 ' 폭풍육아중인당신께'에 자세한 내용이 있습니다. 그 때 나는 육아를 제대로 하기로 마음 먹었습니다.

나의 모든 경험에서 지혜와 유익을 찾아 기록하리라 결심했습니다. 나는 언젠가 다시 무슨 일이든 할거라 강력히 믿었고 내가 그 시간 동안 열심히 살았다는 것을 증명해야 되었습니다.

육아하는 동안 나의 이력서와 포토폴리오는 나의 블로그로 만들었습니다. 기록들이 블로그에 남았고 글쓰기로 연결 되었습니다. 5년 정도 글쓰기는 출판으로 연결되었고 그로부터 5년이 지난 지금은 내 책을 3번 째 쓰고 있으며 그 위치가 달라져있습니다.

나는 장담합니다. 당신은 나보다 더 높이 더 많이 성공할 것이라고 말입니다. 반장 한 번 못해보고 상장 한 번 못 타본 나도 했으니 말입니다.

김은석 코치의 성공스토리
당신도 성공하고 싶습니까?

나는 성공에 대한 기준이 있습니다.

당신은 지금 성공하는 단계입니까?
아니면 한 번도 성공해보지 못했습니까?

나는 성공과는 상관이 없는 사람이었습니다. 공부도 재미가 없었습니다. 친구들과의 관계도 어려웠습니다.
회사생활을 할 때에는 조용히 월급만 잘 받으면 그만이었습니다. 학벌도 스펙도 별로 내세울 것이 없었습니다.

서른이 넘도록 나는 내가 하고싶은 것도, 잘하는 것이 무엇인지도 모르고 살았습니다. 내 주변은 온통 잘하는 사람들 뿐이었습니다.

결혼을 하고 육아를 하면서 그 마음은 극에 달했습니다. 나는 아이를 키우는 것은 더더욱 못하는 사람임을 알았기 때문입니다. 충격적인 것은 내가 육아를 못하고 적성에 맞지 않는데 퇴사를 할 수 없다는 사실이었습니다. 이직을 할 수도 없었습니다. 어쩔 수 없이 육아를 하게 되면서 인생의 전환점을 맞이했습니다.

나는 그 때 알았습니다.
지금껏 나는 내 삶을 주도적으로 살지 않았구나 라고 말입니다. 열심히 살고 최선을 다하는 삶과는 다른 의미입니다. 육아를 하면서 모든 일의 끝을 경험하였습니다. 엎친데 덮치는 일이 끝도 없었습니다. 폭풍우가 몰아친 끝에 내가 얻은 것은 절망 속 희망과 할 수 있다는 자신감 이었습니다. 내가 살아있는 한 일어나는 모든 일은 해결되지 않은 것이 없습니다.

지금 삶이 만족스럽지 않습니까? 답이 안보이십니까?
그렇다면 다른 선택을 통해 다른 끝을 가보십시오. 그 일을 파보십시오. 두근거리는 어떤 일을 만들어서 그것을 파고 인생의 전환점을 맞이하십시오. 성공의 기준이 무엇입니까? 어떤 것을 이루고 소유했을 때 성공이라고 말할 것입니까?

　남의 성공은 쉬워보입니다. 나의 조건과 아픔이 가장 불행합니다. 당신도 성공한 이를 보면 시기와 질투가 넘칩니까? 운이 좋았을 것이라 생각합니까? 성공한 사람은 남의 성공을 쉽게 평가하지 않습니다. 지혜로운 사람은 기회와 운을 성공으로 만듭니다. 그렇지 않은 사람은 같은 기회와 운도 불운으로 만들어 버립니다.

　당신이 어떤 상황이건 핑계대지 마십시오.

　지금 잘 안된다고 주눅들 필요도 없으며, 지금 잘 나간다고 자만할 필요도 없습니다. 우리에겐 평생 성공할 총량이 공평하게 주어집니다. 언제 꽃 피울지는 아무도 모르지만 말입니다.

　당신이 지혜롭고 성실한데 하는 일마다 풀리지 않는다면 아직 기회가 주어지지 않는 것입니다. 발견하지 못한 것입니다. 당신이 생각한 그 일이 기회가 아닙니다.
　자신을 강하게 믿고 성공의 길을 가면 됩니다.

김은석 코치의 성공스토리
성공은 어떻게 그려요?

아이가 물었습니다. 봄은 어떻게 그리냐고..
나는 다시 물었습니다.

"봄 하면 뭐가 생각 나요?"
"음~.저는 나뭇잎이 예뻐요"
"나뭇잎은 색깔이 하나에요?"

아이는 끊임없이 생각나는 것들을 질문했습니다.

나는 당신에게 묻습니다.
"성공하면 어떤 단어가 생각 나나요?"
"당신의 노후를 생각하면 무엇이 생각나나요?

나는 어떤 일을 할 때 그리고 중요한 판단을 할 때 펜으로 종이에 적어가면서 생각정리를 합니다. 생각의 실체를 보기 위해서입니다. 누구에게 보여주지 않을 것이므로 생각나는 단어 그대로를 씁니다.

비속어도 좋고 욕도 좋습니다. 단어를 다 쓰고나면 질문에 대한 단어들 중 나를 편하게 해주는 단어와 불편함을 주는 단어들을 색깔 펜으로 표시합니다. 이것은 나의 마음을 좀 더 깊이있게 들여다 보게합니다.

나는 아이가 봄은 어떻게 그리냐고 물었던 것처럼 당신께 묻습니다.

"여러분, 성공은 어떻게 그릴까요?"

삶의 정서적인 성공, 물질적인 성공, 관계의 성공, 사회적 지위의 성공 등 성공의 그릇도 제각각 일 것입니다. 내가 5년 전 성공하면 떠오르는 실제적인 부유에 대해 적었던 단어들은 이런 것들이었습니다.

"책 출간, 월 순수익 천만, 내 이름으로 된 등기, 내 앞으로 벤츠, 가사도우미"

지금 저 단어들은 내가 모두 가지고 있습니다.
내가 내 힘으로 하나씩 만들었습니다. 내 힘이라 함은 나의 지식과 지혜와 실행을 의미합니다.

내 힘으로 했기 때문에 자신이 있습니다.
당당합니다. 그러므로 나는 지금 하는 일이 잘 되지 않더라도 상관이 없습니다. 내 머리에는 성공의 원리와 시스템이 저장되어 있습니다. 내 안의 아이디어와 아이템은 언제든 내가 했던 방식으로 시대의 흐름에 맞게 제품화가 가능합니다.

당신이 지금 하는 일, 하고 싶은 일, 잘 안되는 일이 있다면 나처럼 질문해 보십시오. 아이처럼 질문해 보십시오.

"선생님, 봄은 어떻게 그려요?"
"코칭님, 성공의 길은 어떻게 가면 되나요?"

내가 갔던 길을 당신에게도 알려주겠습니다.

김은석 코치의 성공스토리
꿈을 이루고 내가 얻게 된 것

꿈을 이루고 내가 얻는 것은 단 하나 '평온'입니다.
평온이 내게 주는 것은 3가지입니다.

첫째, 이제 더 이상 남과 비교하는 삶을 살지 않습니다.

행복지수가 높습니다. 사촌이 땅을 사도 배가 아프지 않습니다. 사촌은 내가 가진 것을 뺏은 것이 아니라 그가 새롭게 가진 것으로 행복을 누리기에 축복할 수 있습니다. 사촌이 땅을 사도 내가 가진 행복에 영향을 미치지 않기 때문에 나의 행복지수도 낮아지지 않습니다.

둘째, 몸이 쉴 때 머리와 마음도 온전히 쉽니다.

나는 이제 가짜로 휴식을 취하지 않습니다. 쉬는 척 하지 않습니다. 일을 하지 않을 때는 온전히 쉽니다. 평일 가족과 함께 하는 시간과 주말, 휴가를 가는 동안에는 일 생각을 하지 않습니다. 물론, 급한 업무카톡을 받을 수는있습니다만 극히 드문 일입니다.

휴식할 때에 온전히 휴식을 취하는 것은 꿈을 이룬 사람이 누려야 하는 중요한 업무이자 특권입니다. 그렇게 하도록 내가 장치를 만들었습니다.

셋째, 나이듦이 두렵지 않습니다.

이제는 정신없는 아침과 밤을 맞이 하지 않습니다. 고요하게 시작하는 아침은 사과주스나 유산균으로 몸을 깨웁니다. 내가 하고 싶은 일과 내가 좋아하는 일을 규제없이 할 수 있음에 감사하는 마음으로 하루를 시작합니다.

금요일 밤은 늦게까지 영화도 보고 외출을 합니다. 토요일은 일찍 잠자리에 듭니다. 일요일 아침 가속늘의 늦잠은 역으로 내게 많은 시간을 주기 때문입니다.

   일요일 아침. 크레마 가득 몽실몽실한 드립커피와 피아노선율 꽉찬 헤드셋을 끼고 내 책을 읽습니다. 내가 쓴 책을 읽는 것으로 나의 소중함과 나의 존재, 나의 가치를 깨닫습니다. 매일매일 이렇게 나이 들어간다면 좋겠습니다. 지금처럼 말입니다.

김은석 코치의 성공스토리
여유와 행복을 누리는 일상

　3일 전 문득 친구가 보고 싶어서 서울에서 광주행 KTX를 예약했습니다. 그리고 오늘 친구를 만나 맛있는 점심과 커피를 마시고 일상으로 돌아왔습니다.

　너와 나, 우리에 대한 이야기, 학창시절 이야기 등 행복한 일상에 대한 이야기를 하느라 시간이 어찌 가는 줄 몰랐습니다.

　20년 된 친구를 만나기 위해 약 20만원의 커피를 마신 셈입니다. 종종대는 일상을 살 때는 상상할 수 없는 일이었습니다. 나는 늘 해야 할 일이 있었고 누군가로부터 종속되어 있었습니다. 내 시간이지만 내 마음대로 쓰는 시간은 별로 없었습니다. 매일 100원, 200원이라도 어떻게는 원가를 떨어뜨려야 되는 생활을 하는데 20만원은 쓸 수가 없었습니다.

하지만 1인기업으로 브랜딩을 하고 나서 내 삶은 완전히 변했습니다. 나는 그 전에 돈을 가지고 있고 돈이 벌릴 때에도 여유가 없었습니다. 먹고 살기 힘들어서가 아닙니다. 이것이 지속적인가의 문제였습니다.

내가 쉬면 언제든 이 일은 이것으로 끝나는 일이 대부분이었습니다. 그렇다고 언제까지 내가 손과 발로 뛸 수는 없는 일이었습니다. 나의 체력과 시간과 환경은 한정적이었으니까요.

그런데 지금은 일을 줄이고 있고 최소한의 시간만 일하고 있어도 불안하지 않습니다. 수입이 줄어들까봐 두려움을 갖지 않습니다. 나는 1인공방을 폐업하고 1인기업으로 브랜딩을 했기 때문입니다.

이제는 최소한으로 일하고 최대한으로 나를 편안한 환경에 둡니다. 나는 지금껏 많이 채웠고 많이 깨달았습니다. 이제는 내가 채우고 깨달았던 것들을 나누고 있습니다.

나의 도움이 필요한 사람에게 나의 가치를 알아주는 사람에게 가치 교환을 합니다. 그리고 그것을 통해 나는 또 나를 채웁니다. 채우기만 하고 배우기만 하는 이들이 나를 통해 내가 누리는 여유와 행복을 같이 누렸으면 하는 마음이 간절합니다.

처음부터 쉽지는 않았습니다. 나는 많은 시간 돌아왔고 치열하게 살아왔습니다. 그러나 저절로 깨달은 것은 아닙니다. 나도 코칭을 통해 깨닫고 변화 한 것입니다.

당신도 변화 하고 싶습니까?
삶의 여유와 행복을 누리고 싶습니까?

그렇다면 당신도 1인 브랜딩을 하고 나처럼 누리는 삶을 선택하십시오. 당신도 누릴 수 있습니다. 20년 된 친구를 3~4시간 보기 위해 20만원의 커피 한 잔을 마시러 말입니다.

세상이 나를 중심으로 돌아갈 것입니다.

김은석 코치의 성공스토리
네 꿈은 뭐니?

얼마 전 페이스북 친구가 내게 물었습니다.

"네 꿈은 뭐니?"

그는 아프카니스탄에 살고 있는 외과의사입니다.
나는 습관적으로 메시지를 남겼습니다.

" 나는 꿈을 이뤘어. 나는 내가 좋아하는 일을 하고 있고, 내가 하고 싶은 일도 하고 있어. 나는 목공강사이고 책을 낸 작가이고 코치이며 내 출판사를 가지고 있어"

"너는 멋진 여성이야. 너를 존경해"

답을 하고 나서 순간 "띵-." 했습니다.
"네 꿈이 무엇이니?" 라는 질문에 내가 답을 해 놓고도 믿기지 않았습니다.

"내가 언제부터 ??"

나는 몰랐기 때문에 꿈이 없었습니다. 남들이 좋아하는 것들을 나도 좋아하고 아주 조금 잘 했습니다. 꿈으로 키울 만큼 잘 하지는 못했습니다. 결정적으로 잘하는 것이 있다해도 그것을 돈으로 바꾸는 방법은 몰랐습니다. 열심히 사는 것은 잘했습니다.

이십대의 나는 열심히 살아도 비빌대가 없어서 힘들었습니다. 하는 일마다 꼬이고 엎치면 덮치는 일이 잦았습니다.
삼십대의 나는 독박육아와 부모님 병간호와 나를 위해 물러설 곳 없이 치열하게 살았습니다.
사십대의 나는 그것들을 바탕으로 내 사업을 위해 투자와 실패를 반복했습니다. 사업을 하면서 한 번도 잃지 않고 성공하는 사람이 얼마나 될까요?

사람이 겪는 깃은 다 비슷합니다. 나만 겪는 것이 아닙니다. 이

해되지 않는 어른들의 말과 행동도 내가 그 나이가 되면 다 하게 되는 것들입니다. 다만, 내가 겪는 것들을 어떻게 풀어가느냐의 문제일 뿐입니다.

불운도 행운으로 바꿀지, 행운도 불운으로 바꿀지는 본인 몫입니다, 이제 나는 치열했던 청춘을 뒤로 하고 내가 이룬 모든 것을 충분히 누리고 있습니다.

더 열심히 살아서 성공하고 누리게 된 것이 아닙니다. 나는 나를 계속 들여다 보는 것을 멈추지 않았고 코칭을 통해 나를 알게 되었습니다. 내가 열심히 했던 것 중 하나는 내가 잘하는 것이었습니다. 아직 완성되지 않았다며 겸손함만 주장했던 나를 버리고 인정했습니다.

"정말 그렇구나!"

내가 가지고 있는 것이 무엇인지 확인했습니다. 그것을 어떻게 돈으로 가치교환을 하는 지 알았습니다. 하고 싶고, 할 수 있는 모든 것을 하지 않고 내 가치가 가장 높은 것부터 돈으로 바꾸는 것을 코칭 받았습니다.

당신의 꿈은 무엇입니까? 나도 묻습니다.

"네 꿈은 뭐니?"

당신도 예전의 나처럼 열심히 살면서 알 수 없는 미래에 답답한 삶을 살고 있지 않습니까? 나는 평범한 것에 소중함을 알고 내 안의 가치를 발견했습니다. 당신도 발견할 수 있습니다. 당신도 나와 같이 자신의 가치를 발견하고 성공을 누리고 당신이 누리는 모든 것을 나눌 수 있기를 소망합니다.

[에필로그]

행복을 가질 수 있는 능력

요즘 나는 행복합니다.

내가 하기 싫은 일보다 하고 싶은 일을 하는 시간이 더 많습니다. 나를 존중해 주는 사람과 만나며, 내 가치를 알아주는 사람을 만나 도움을 주는 인생을 삽니다.

나는 내가 원하면 지방에 있는 친구도 당일치기로 만나러 갑니다. 내년에는 일본으로 라멘을 먹으러 다녀올 예정입니다. 5년 이내에 뉴욕으로 스타벅스 커피 한 잔을 마시러 다녀올 생각입니다. 얼마 전 동생으로부터 뉴욕지점에서만 먹을 수 있는 스타벅스 상품권을 선물받았기 때문입니다.

　나는 일할 때 일하고 누리고 싶을 때 누립니다. 어떤 이는 잘 나갈 때 이러다가 잘 안될까봐 누리지 못합니다. 잘 안될 때는 영원히 잘 안될 것 같아 더 불안해 하며 삽니다.

　나도 이 전에는 내가 가진 것을 누리지 못했습니다.
내가 어떤 행복을 가지고 있는 지조차 몰랐습니다.

　당신도 당신이 가진 행복을 누릴 수 있는 능력이,
기회가 주어졌을 때 잡을 수 있는 능력이 있습니다.
아직 발견하지 못했을 뿐입니다.

　나는 잘 나갈 때일 수록 글을 읽고 글을 쓰면서 나를 봅니다.
나는 잘 안될 때도 온전히 나의 경험으로 성숙한 것임을 압니다.

　내 일을 지속할 수 있도록 응원해 준 우리그이와 사랑하는 슬기 누리, 아낌없는 신뢰를 주는 스칸디아모스틀 본사 이사님과 수진 씨, 거래처 대표님들께 감사를 드립니다.

　나는 지금 행복한 사람입니다.

초보강사를 위한 목공DIY

초판 1쇄 인쇄 | 2019년 6월 10일
초판 1쇄 발행 | 2019년 6월 20일

지은이 | 김은석
발행인 | 강상우
발행처 | 글빛미디어
등록일 | 2019년 2월
주소 | 서울특별시 양천구 목동중앙남로 3길 36 102호
전화 | 070)7372-7831, 010-2811-7831
메일 | woodlikeyo@naver.com

본 제작물의 저작권은 '글빛미디어'가 소유하고 있습니다.
저작권법에 의하여 한국 내에서 보호를 받는 저작물이므로
무단 전제와 무단 복제를 금합니다.

ISBN 979-11-967067-0-8

책값 2만 원